Scratch 2.0

中国少儿编程网◎编著

少儿编程奇幻之旅

中国铁道出版社有限公司
CHINA RAILWAY PUBLISHING HOUSE CO., LTD.

内 容 简 介

　　本书以 Scratch 2.0 作为编程设计工具，全书围绕"拯救地球"这一主题展开，采用情景故事的方式通过调用 Scratch 指令模块，配合生动的故事场景，不仅考虑任务的合理性、趣味性和前后连贯性，更重要的是，由浅入深、由简到繁循序渐进地将程序设计的知识点渗透到故事情节中。案例内容包括判断、循环、流程图、嵌套循环、变量、链表、多线程、自定义过程等。通过故事主线和场景切换相结合的方式引导孩子在快乐中学习编程。

　　本书阅读对象为 8 岁以上的中小学生，亲子阅读效果更佳。书中通过精心安排的编程案例引导孩子进行程序设计并解决程序运行中出现的各种问题，也可作为一本 Scratch 进阶学习的书籍。

图书在版编目（CIP）数据

Scratch 2.0少儿编程奇幻之旅/中国少儿编程网编著.—北京：中国铁道出版社，2018.1（2019.5重印）

　ISBN 978-7-113-23884-1

　Ⅰ.①S… Ⅱ.①中… Ⅲ.①程序设计－少儿读物
Ⅳ.①TP311.1-49

　中国版本图书馆CIP数据核字（2017）第249679号

书　　名：Scratch 2.0少儿编程奇幻之旅
作　　者：中国少儿编程网　编著

责任编辑：于先军　　　　　　　读者热线电话：010-63560056
责任印制：赵星辰　　　　　　　封面设计：MXK DESIGN STUDIO

出版发行：中国铁道出版社有限公司（100054，北京市西城区右安门西街8号）
印　　刷：中国铁道出版社印刷厂
版　　次：2018年1月第1版　　　2019年5月第6次印刷
开　　本：700mm×1 000mm　1/16　印张：11　字数：158千
书　　号：ISBN 978-7-113-23884-1
定　　价：59.80元

前　言

中国少儿编程网致力于少儿编程在国内的普及和教育，构建一个软件编程专家、中小学信息技术教师、家长、孩子自由交流的平台，网站自上线以来，一直得到广大网友的大力支持。

在推动少儿编程普及过程中，我们深感一款适合少儿的编程语言对于普及少儿编程尤为重要，基于多年实践及反馈，我们由衷地推荐 Scratch 作为少儿编程入门之选。

鉴于 Scratch 官网的大部分都是英文资料，而市面上 Scratch 的教材不多，因此我们编写了这本书，将 Scratch 的主要知识点以深入浅出的方式让孩子们能轻松理解较为抽象的计算机编程知识，让他们在快乐中学习。

本书以 Scratch 2.0 作为编程设计工具，全书围绕拯救地球这一主题展开，采用情景故事的方式通过调用 Scratch 指令模块，配合生动的故事场景，不仅考虑任务的合理性、趣味性和前后连贯性，更重要的是，由浅入深、由简到繁循序渐进地将程序设计的知识点渗透到故事情节中。案例内容包括判断、循环、流程图、嵌套循环、变量、链表、多线程、自定义过程等。通过故事主线和场景切换相结合的方式引导孩子在快乐中学习编程。

在每节的后面，我们对本节学习的知识点进行归纳，同时也提出思考练习题让孩子去动手尝试，加深学习的印象。我们希望通过本书的学习，能培养孩子独立解决问题的能力、探索精神、创新精神和协作分享精神。在书中我们也介绍了中国少儿编程网推出的一些编程大作战的相关任务，让孩子们参与挑战任务，提高孩子对学习内容的综合应用能力。本书最后也简单介绍了 Scratch 硬件拓展内容，让孩子们了解 Scratch 的扩展应用功能。

本书阅读对象为 8 岁以上的中小学生，亲子阅读效果更佳。书中通过精心安排的编程案例引导孩子进行程序设计，理清思路，解决程序运行中出现的各种问题，也可作为一本 Scratch 进阶学习的书籍。

在本书的编写过程中得到了少儿编程教育专家、一线信息技术教师及广大热心网友的支持与帮助。正是两年多来与大家一起对各种学习问题的探讨与交流，为本书的编写积累了宝贵的经验，在此对大家表示诚挚的感谢，也正是有你们的陪伴，我们才有努力的方向。另外，感谢专业画室的王夏、颜培老师为本书提供插画设计，以及王碧艳老师、吴培老师、舒克老师在本书编写初期给出的宝贵意见和建议。

还要特别感谢中国铁道出版社有限公司的编辑老师，从有一个出书的想法到后期书籍内容的调整规划都离不开你们的大力支持和配合，中途经过几个版本修订，是你们的坚持，才让这本书得以与大家见面。

联系我们：

本书由中国少儿编程网团队、一线信息技术教师历时近一年的时间编著而成。通过对 Scratch 的学习、使用从而掌握相关编程的思维与知识。如果大家有什么建议和意见，欢迎访问中国少儿编程网反馈给我们。本书专用学习 QQ 群：592481380，可与作者直接交流。

参与本书编写的人员主要有梁娜、周颖、杨泽炳、王林久等。

梁娜，计算机专业研究生毕业，高级工程师，中国少儿编程网导师。从事十余年软件开发、项目管理、网络及信息化相关工作。一直致力于国内外少儿编程的研究，专注于少儿编程的地面课程的实践及推广，成功举办走进校园公益课活动。

周颖，瀛之杰市场咨询公司高层管理人员，具有多年客户关系与培训经验。中国少儿网的家长顾问，兼新媒体运营负责人，致力于正确引导家长开启孩子的少儿编程奇幻旅行。

　　杨泽炳，中国少儿编程网专业导师，珠海灏霆软件有限公司（隶属澳门兴华电子科技集团）技术总监。精通多种商业开发程序设计语言，有十多年的软件开发背景和项目管理实战经验，具有良好的面向对象的编程思想。从 2014 年开始研究美国麻省理工开发的 Scratch 并原创许多 Scratch 程序，涵盖语文、数学、英语、美术、音乐等。从 2016 年开始多次以公益课的方式走进珠海市的中小学校免费推广 Scratch 教育，受到老师和学生的一致好评。2017 年创办珠海 01 少儿编程工作室，提供专业化系统化的课程让孩子们学习 Scratch,Python 等编程，积极推动 STEAM 教育在国内的发展。

　　王林久，中国少儿编程网创始人。具有十多年的软件开发经验，精通多种编程语言。2012 年开始致力于国内外少儿编程的学习与研究，熟悉了解多种少儿编程产品，并发布过相关网络教程，是家长和孩子的良师益友。同时，也是全球"编程一小时"公益活动的推广者与践行者，先后与陕西省图书馆，中国国际计划组织等多家机构开展少儿编程公益活动，在国内积极推动少儿编程的发展与普及。

中国少儿编程网

2017 年 11 月

目 录

第 1 章 学习意义与学习指引

1.1 致家长

随着计算机科学技术在全球的高速发展，计算机相关的应用技术如人工智能技术、云计算技术、3D 打印技术等已经渗透到我们日常生活的方方面面，很多传统的生活方式和行业正面临前所未有的冲击和挑战。

如今电脑和手机应用的普及，计算机编程已不再是成年人的专利，美国麻省理工学院推出的 Scratch 是最早，目前也是学习资源最丰富的图形化儿童编程工具之一。Scratch 有丰富的指令和逻辑组件，青少年无须掌握成年人软件编程所需要具备的专业知识，通过搭积木拖动的方式能做出有一定复杂度的小游戏，也能够实现物理实验的模拟，集趣味性和知识性于一体，受到全球青少年的热捧。根据儿童教育专家的研究表明，青少年在创作作品时，经历想象—编程—分享的过程，对青少年的创新思维能力、逻辑推理能力及自我学习能力的培养具有重要意义。

2016 年 6 月 7 日，教育部发布了《教育信息化"十三五"规划》明确提出将信息化教育进一步推进，在有条件的地方进行试点教学并逐步推广。在欧美一些发达国家，Scratch 已经纳入中小学的必修课程。我国的一线城市及东南沿海地区，Scratch 教学也已经启动试点教学，有些学校自己编写了相关的校本教材。

随着人工智能技术的日趋成熟，传统的重复劳动工种将会被机器人取代，未来的孩子将面临更加严峻的挑战，创新驱动发展成为未来的主流，计算机信息技术编程将成为重要的基础学科，面对未来的世界，您的孩子准备好了吗？

少儿编程网图书编委会

1.2 给小朋友们的一封信

Hello，大家好！欢迎来到编程世界。在我们的日常生活中，你有没有用百度查过不了解的知识，你有没有用过微信、QQ 跟同学或朋友交流？有没有用过美团团购优惠券？有没有用 12306 订过火车票？……如果你用过或听说过其中的一个，恭喜你，你已经对"软件"、"编程"等概念有了初步的认知。所有这些东西都是由计算机程序指令组合起来的，听起来是不是有点深奥？没关系，我们在本书中会由浅入深，一步一步教大家进入软件的编程世界。

Scratch 是由全球最顶尖的大学——美国麻省理工大学开发的一个编程软件，应用对象为 6 ~ 15 岁的青少年。Scratch 到底可以做什么呢？当然可以做的东西有很多，可以制作动画片、可以绘画，最激动人心的是可以做很多小游戏，比如大家熟悉的飞机大战。大家别急，我们先看一道数学题：

数学问题：1+2+3+4+5+6···+88= ？

人工解答：可能有些小朋友口算能力很强，很快就能计算出来，如果要用草稿纸算可能要算好几分钟甚至几十分钟。

计算机程序：如果这种有规律性的数学题用计算机来做，不用一秒钟就能解答出来，正确答案是3916，你计算的跟计算机算的结果是一致的吗？我们先看看计算机程序是怎么计算的。

y: 0

当　　被点击
将　数学求和▼　设定为 0
将　变化的数字▼　设定为 0
重复执行
　如果　变化的数字 > 88　那么
　　说　数学求和 5 秒
　否则
　　将　数学求和▼　设定为　数学求和 + 变化的数字
　　将　变化的数字▼　增加 1

　　上图就是 Scratch 实现的程序，大家是不是根本看不懂？不用着急，在后续的课程中我们会带着大家慢慢地去学习相关的指令。你看了这个图只需要知道原来 Scratch 像拼积木一样简单就行了。

1.3　分阶段学习指引

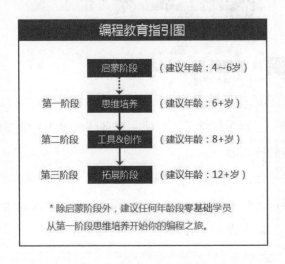

编程教育指引图

启蒙阶段　（建议年龄：4～6岁）

第一阶段　思维培养　（建议年龄：6+岁）

第二阶段　工具&创作　（建议年龄：8+岁）

第三阶段　拓展阶段　（建议年龄：12+岁）

*除启蒙阶段外，建议任何年龄段零基础学员
从第一阶段思维培养开始你的编程之旅。

✿ 启蒙阶段 推荐年龄：4～6 岁

对孩子没有基础要求。

这一阶段是针对学前以及小学低年龄段孩子们准备的启蒙课程，主要目的在于带着孩子了解计算机基础知识、锻炼孩子的动手能力，对逻辑顺序的认知，主要培养孩子的兴趣，正确引导孩子们对电子设备的使用。

课程内容推荐：code studio 4-6（https://studio.code.org/s/course1） ➤ 思维启蒙

APP 应用推荐：

Daisy the Dino   LightbotJr

思维培养 推荐年龄：6～8 岁

这一阶段是少儿编程最为基础和重要的环节，侧重于思维模式的培养，熟悉并学会使用程序思维的特点，如抽象、分类、分解等，并且能够通过程序的思维使自己在生活中做事具有一定的条理性。

课程内容推荐：code studio 6+（https://studio.code.org/s/course2） ➤ 程序思维初级 ➤ Scratch 启蒙

APP 应用推荐：

The Foos   Run Marco   ScratchJr

工具＆创作 推荐年龄：8～12 岁

在完成了基础的思维模式学习后孩子需要选择一个合适的工具平台（推荐 scratch）进行系统学习，以便实现自己的想法。学习内容包括基本的使用和高级的技巧等。

其他同类工具平台：小海龟 logo 编程、alice3、greenfoot。

课程内容推荐：code studio 8+（https://studio.code.org/s/course3）Scratch 基础内容 ➤ Scratch 作品模仿与创作

APP 应用推荐：

Lightbot　Robot School　Move The Turtle

拓展进阶　推荐年龄：12 岁以上

　　此阶段根据家长让孩子学习编程的目的不同，继续发展的方向也会不同。相信很大一部分小朋友一定是对编程充满兴趣，想在这条路上走得更远，大家可以直接选择生产型语言进行学习（这里的选择很多，但建议大家根据自己的兴趣选择一门语言后深入的学习下去，切勿浅尝辄止）。这个阶段仅仅有兴趣是不够的，我们还需要有一定的毅力。同时，编程涉及的知识面非常广泛，大家不要急于求成，我们还需要学习更多的知识（如数学、物理等）来不断提高自己的编程能力。如果你只是对它感兴趣，你可以继续在 Scratch 平台创作，学习并发扬"创意—分享—再创作"的精神，领略编程的乐趣，没准有一天它会给你带来意外的惊喜。

课程内容推荐：code studio 10+（https://studio.code.org/s/course4）

工具平台：APP Inventor

编程语言：Python、Javascript、Swift ……

1.4　本书阅读指引

阅读对象：8 岁以上中小学生（8 ～ 9 岁亲子共读、10 岁以上可独立阅读）。

编程工具：麻省理工学院（MIT）开发的编程语言 Scratch（版本 2.0）。

学习路径：Scratch 的学习内容主要是第 3 章，其中涵盖 Scratch 2.0 中上百个常用模块，每个小节对应结合 Scratch 中的几个功能项来介绍关于计算机和程序设计的基本知识。全书采用故事方式展开（如下图所示），循序渐进地学习。

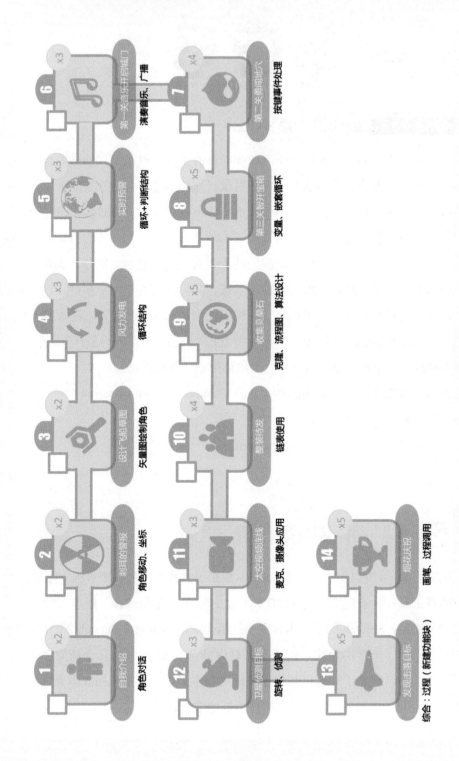

准备启程

Scratch 是一款由麻省理工学院（MIT）设计开发的一款面向青少年的简易编程工具。针对 8 岁以上孩子们的认知水平，以及对于界面的喜好，MIT 做了相当深入的研究和颇具针对性的设计开发。不仅易于孩子们使用，又能寓教于乐，让孩子们获得创作中的乐趣。Scratch 的下载和使用是完全免费的，开发了 Windows 系统、苹果系统、Linux 系统下运行的版本。从 2013 年开始，它的用户呈现出爆发式增长，截至 2016 年底官方注册的中国用户约 16 万。

2.1 Scratch 下载与安装

Scratch 2.0 提供了在线版（只需连接网络，用浏览器打开指定网址即可进行编辑学习）与离线版（无须上网，需要下载安装包，在本机随时随地使用学习）。

用浏览器打开 Scratch 官方网址：https://scratch.mit.edu/（如果访问出现困难也可以访问中国少儿编程网 http://www.kidscode.cn/archives/2285 下载）如下图所示。

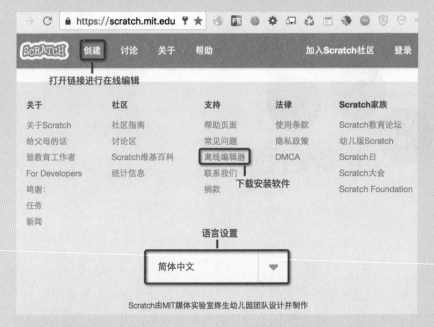

　　如果网页显示的是英文，可以在页面底部选择语言，同时可以看到离线编辑器的下载链接。如果您不想在本计算机安装软件，可直接单击"创建"进行在线编辑。

【下载安装离线编辑器】

 Windows 用户建议在 Win7 或更高版本系统下安装 Scratch 2.0，XP 操作系统常有蓝屏现象出现。

　　单击上图中的"离线编辑器"进入软件下载页面。

　　由于翻译不完整，该页面依旧是英文，会看到如下图所示下载安装步骤，只需完成前两步的安装即可。

1. 安装 Adobe AIR，只需要根据自己的操作系统，单击后面的 Download 等待下载完毕，运行后按提示进行安装即可。

2. 下载安装 Scratch 2.0，操作跟上一步一样。

如果在下载安装过程中有任何疑问可以加入 QQ 群（本书专用 QQ 群号）获取帮助。

由于 Scratch 软件更新比较频繁，每过一段时间我们打开软件就会出现如下图所示的升级提示。由于该软件存储于国外的服务器上，更新速度非常慢，成功率不高，因此建议大家一般单击"取消"按钮即可，或者先去下载最新版本，直接重新安装。

🐱 2.2　Scratch 常用设置

安装完 Scratch，即可双击小猫图标来启动 Scratch 软件，主界面如下图所示。

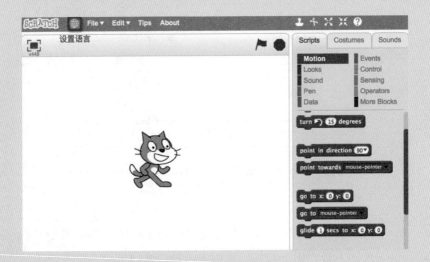

【常见问题】

Q1：界面都是英文？有没有中文版啊？

A1：其实 Scratch 是有多种语言选择的，单击上图中的小地球（设置语言）图标，就会出现一个下拉菜单，如下图所示，鼠标移动到下拉菜单最下面的三角处，一直滚动到最后就能看到简体中文啦，单击"简体中文"，界面就是中文的了。

Q2：字体有点小，怎么办？

A2：先按住"Shift"键不要松手，然后再单击刚才设置语言的小地球，如下图中 1 所示。

单击下图中 2 所示的"set font size"，会出现一列数字（默认是 12）大家可以选择一个较大的数字，如 14 即可。

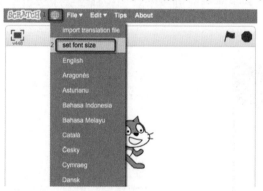

scratch 主界面

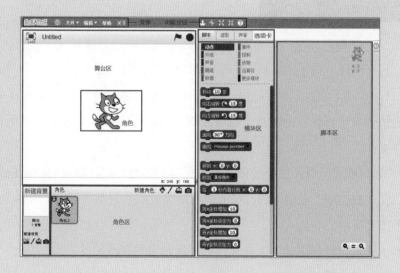

不要担心，后面在用到的时候会再做介绍，通过不断地练习，就会变得很简单。

如上图所示左侧白色区域这个舞台可以自由布置，可以让任何角色到这个舞台上来表演，而现在舞台上的角色就是这只猫，角色怎么表演都是由右侧脚本区域的指令来控制的。

2.3 本书素材下载

本书中大多数素材都需要通过网络下载到本地，本书素材下载地址：http://www.kidscode.cn/book/。

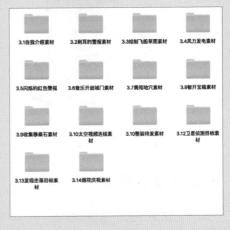

图1   图2

打开网址，如上图 1 所示，本书素材提供两种下载方式。

1．本地下载：下载后是一个压缩包，需要通过计算机中的解压缩软件解压到指定目录，记住这个目录位置，后面我们需要到这个目录里找到对应文件。

2．百度云下载：可直接将文件夹保存到本地，记住存储的目录位置。

打开我们刚下载的素材，每节内容所需要的素材都在对应的文件夹内，如上图 2 所示。

下面我们就利用这个工具来进行一次神奇的拯救地球之旅。

第 3 章

奇幻之旅——拯救地球

　　根据地球外太空探测中心发出的紧急求助信号，有"死亡之神"之称的"阿波菲斯"小行星在距离地球 100 万千米的地方偏离轨道，正在向地球慢慢靠近，该行星直径达 28 000 米，重达 6 000 万吨，预计 8 个月后撞向地球。如果该行星撞向地球，由于巨大的冲击力，地球可能会因此改变

公转轨道，脱离太阳系，跌入无法预知的宇宙黑洞中，后果不堪设想。从小在天体力学物理研究中心长大的 Nick 得知该消息焦急万分。因为，目前的航天技术，无法到达这么远距离的地方，因此他们需要研究并重新制订可行性方案，将行星拦截在外太空。为此他与好伙伴 Libra 秘密启动了一个叫拯救地球的 SEFP（Save Earth For People）计划。

为了完成这次艰巨的任务，需要对火箭推进技术、飞行器隔热装置、遥感通信技术、卫星定位追踪等尖端技术进行研究和实验，必须要在 6 个月之内将小行星在大气层外拦截并击落，防止地球被行星撞击而毁灭。

为了全人类的安全，咱们跟主人公一起赶紧启动科学探索实验吧！用我们的智慧迎接全新的挑战！

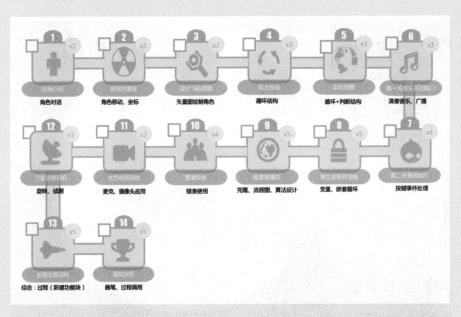

本章将循着上图路径，一共 14 个关卡，右上角的黄色圈内是该关难度等级，完成关卡后可在左上角的方块里打钩。

下面介绍一下出场人物。

Nick

Nick，宇宙前沿基地总工程师 M 教授的儿子，IQ250 以上，12 岁即成为宇宙前沿基地最年轻的脑库成员之一，但因父母忙于工作，平日只有机器宠物 Libra 陪伴。

Libra，身兼保姆、家教及玩伴，内置芯片中存储全球大部分有价值的书籍资料，号称"移动图书馆"。

Libra

3.1　自我介绍

从本章起，我们就要跟着 Nick 和 Libra 开启我们的编程故事之旅了，就从打招呼开始吧！

Step1　添加背景、角色

1. 启动 Scratch

双击桌面上的 Scratch 程序图标 。

2. 删除默认角色小猫

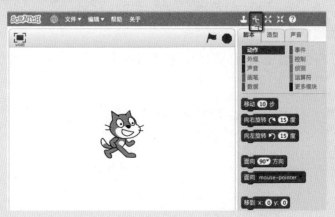

　　将鼠标移动到上图所示功能按钮处的剪刀（删除）上单击，鼠标就变成了一把小剪刀，然后移动鼠标到舞台中央的小猫身上单击，小猫就从我们的舞台上消失了。

　　3．添加背景

　　单击下图中红框所指的图标，新建背景，从背景库中选取背景，选择背景 room2（见下图）。

　　4．添加角色

　　单击下图中红框所指的图标，从下载的本节素材中插入角色 Nick 和 Libra。

Nick 小·课堂

Scratch 里"背景"和"角色"，有四种创建方式：
1. Scratch 自带素材库。
2. 自定义图片。
3. 自行绘制。
4. 摄像头拍摄。
有兴趣的小读者可以自己尝试下。

角色添加完成后，用鼠标拖动可以调整角色位置，效果如下图所示。

Step2 编写你的第一段代码"对话"

1. 让 Nick 说第一句话

在角色栏中选中 Nick，如下图所示。

然后选中选项卡中的脚本，选择外观，如下图所示。将红框处的模块拖到右边脚本区。修改白色方框中的"Hello"为"大家好，我叫 Nick，今年 12 岁"。

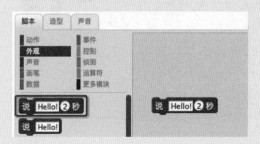

2. 接着第一句话继续

接着让 Nick 说第二句，我们再拖一个  到右侧代码区，此时不要松开鼠标让它靠近刚才那个模块的下方，这时你会发现刚才那个模块下方会多出一条白线，松开鼠标，新加入的模块就被吸了过去，拼接在一起了。然后把"Hello"改为"我喜欢科学试验和冒险"，如下图所示。

让我们按下舞台右上角的小绿旗，运行刚才的一段代码，看下效果吧！……

咦……怎么没有反应呢？

Libra

Libra，你写的那段代码最开始缺少 你没告诉计算机按下绿旗就要运行代码，它当然不知道啰。

Nick

选择脚本选项卡"事件"中的 拖到脚本区，置于刚才编写的两个脚本的上方，再试试。

3. 编写 Libra 的自我介绍

选中角色 Libra，照下图编辑 Libra 自我介绍的话，然后单击绿色旗帜运行试试。

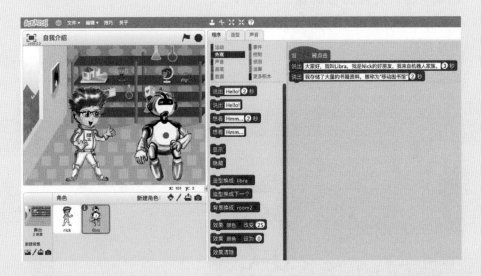

我们两个人同时说话了，能否 Nick 说完，我再说呢？

Libra

这个简单，你等我说完再说呗，可以用控制模块里的

等待 ① 秒 。

Nick

选中角色 Libra，在它说的两句话前插入该模块，等待时间可自行设定（大于或等于 Nick 说话所用的时间），如下图所示。

Step3 运行并保存你的第一个程序

单击绿色旗帜运行程序并查看结果，确认运行结果后，按下图操作保存该项目。

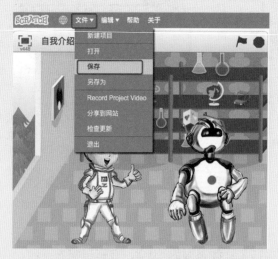

养成程序修改后随手保存的好习惯，以免计算机出现断电、死机等突发情况时，辛苦努力的成果白费。

本节我们学习了以下内容，你学得怎么样？来给自己标颗星吧！

Libra

本节知识点归纳

序号	知识点	学习目的	自我评价
1	新建角色	掌握并练习新建角色的几种方法	☆☆☆
2	新建背景	掌握并练习新建背景的几种方法	☆☆☆
3	对话	熟练在动画中运用说话及控制时间间隔	☆☆☆
4	保存项目	养成随时保存项目的良好习惯	☆☆☆

课后练习

突然一阵刺耳的警报声响起。

Nick 说："Libra，警报响了，一定是出事了。"

Libra 说："我们快去看看吧。"

请在本节内容的基础上添加上述对话内容。

课后练习答案：

Nick

Libra

3.2 刺耳的警报……

听到刺耳的警报声后，Nick 和 Libra，急匆匆地来到宇宙前沿基地控制中心，那里已经聚集了好多人，只见头顶前方的大屏幕上一片红色预警信号……

Libra 立即与太空大数据云计算中心建立连接，神情严峻地对 Nick 说道：

"Nick，你还记得有'死亡之神'之称的'阿波菲斯'行星吗？"

"当然，十年前第一次探测到这颗行星时，爸爸做过精密计算，预测其 2029 年将与地球擦肩而过。"Nick 答道。"可刚刚探测到，不知什么原因该行星运行轨道突然偏离，与地球相撞的概率高达 80%。你父亲刚接到基地指挥官的命令，要在 24 小时内研究出应急措施……"

 【任务】请你利用 Scratch 模拟"死亡之神"撞击地球的场景。

* 建议每完成一个步骤（Step）都单击绿色小旗帜运行看看程序执行的效果。

Step1 添加素材

1. 启动 Scratch

启动后，删除默认的小猫角色。

2. 新建背景

还记得上一节学过的添加背景吗？

　　单击下图（左）1 处新建背景，在背景库（主题／太空）中选中 stars，并单击"确定"按钮，如下图（右）所示。

3．新建角色

　　单击下图（左）2 处"从本地文件中上传角色"，打开本节内容提供的素材"earth.png"，"meteor.png"，如下图（右）所示。

4．调整角色

　　（1）单击"地球"角色并按住左键不放，然后把"地球"拖动到屏幕左下角，再用同样的操作把陨石移动到屏幕右上角。

　　（2）单击功能按钮中的放大工具，如下图所示，我们会发现光标的样子发生了变化，将光标移动到舞台的"地球"角色上单击，这样地球就会一点点地变大，当觉得大小合适的时候将光标移动到角色外面就好了，（同理我们也可以单击缩小工具，将我们的角色变小）。

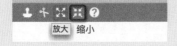

第一步完成后，达到下图的效果。下面该让陨石"飞"向地球了。

Step2 陨石飞向地球

1. 触发陨石

选中"陨石"角色，将选项卡"脚本"—"事件"中的  拖到脚本区。

2. 陨石移动

用鼠标把陨石拖动到跟地球相撞的位置，然后把"脚本"—"动作"中的 在 1 秒内滑行到 x: -10 y: 4 （具体坐标值根据拖动的位置会有不同）拖到脚本区，与上一步模块拼接起来，如下图所示。

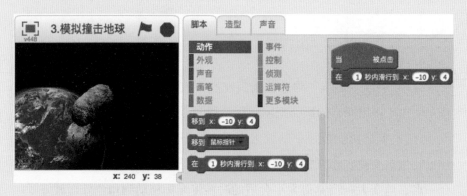

把陨石拖回到右上角，单击小绿旗运行一下看看效果吧。

Nick 小·课堂

> 在 ① 秒内滑行到 x: -10 y: ④
>
> 这里的坐标不用手动输入，会自动变化，是与角色当时所处位置坐标保持一致的。
>
> 这里需要对"坐标"有初步的了解，本节末附有"坐标"的补充知识，供参考。

Step3 陨石撞击地球的瞬间

怎么能让陨石与地球相撞有爆炸的效果呢？这里要引入一个"造型切换"的概念。

1. 为陨石角色添加一个新的造型

选择选项卡"造型"，从本地文件中上传造型，如下图（左）所示，打开本书素材库中的图片 moteor2.png ，结果如下图（右）所示。

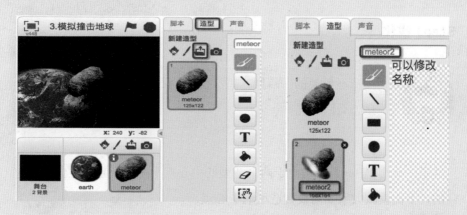

这里尤其要注意是"新建造型"，而不是"新建角色"。

2. 造型切换

从选项卡"脚本"—"外观"中，选择 将造型切换为 meteor 拖入脚本区，并与上一步拼接。单击圆圈处的小三角并选择（meteor2），如下图所示。

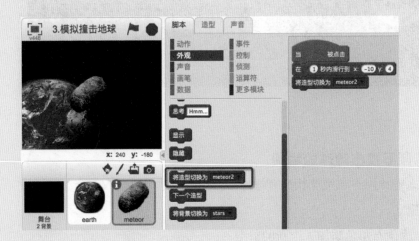

现在把陨石拖回到左上角，单击小绿旗运行一下看看效果吧。我们已经可以看到陨石飞行与地球相撞，并发生爆炸的模拟场景了。

Step4 优化

 在造型切换的一瞬间，怎么感觉陨石会出现卡顿现象，这是怎么回事呢？

这是一个小"Bug"，是由于两个造型的中心点不一样引起的，下面就教大家如何设置造型的中心点。

*Bug：本意是虫子，程序设计中的专用术语，是指在软件运行中因为程序本身有错误而造成的功能不正常、体验不佳等现象。

1. 设置造型 1 的中心点

如下图所示，选择造型 1，在绘图区域右上角有一个十字准星"设置造型中心"，单击后会在造型 1 的图上显示一个大大的"十"字，此时只要单击任意位置，那么这就成为该造型的中心点。

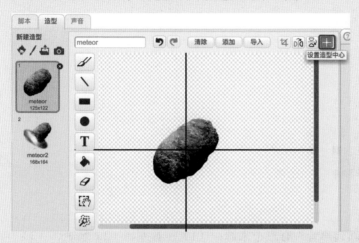

2．设置造型 2 的中心点

然后选中造型 2，将造型中心设置在与造型 1 同样的位置即可，如下图所示。

Step5 增加音效

为了更逼真的效果，可以增加撞击瞬间的音效"砰～"！

1．新建声音

选中角色"meteor"，选择"声音"选项卡，新建声音（3），从本地文件中上传，如下图所示，选中"bang.mp3"并打开。

"新建声音"有三个来源：（1）声音库、（2）录制、（3）从本地文件中上传。这里尝试了其中一个，对于另外两种有兴趣的读者也可以体验一下。

2. 播放声音

从选项卡"脚本"—"声音"中，选择"播放声音……"并拖入脚本区，如下图所示。

完成任务：模拟场景已经完成了，运行看下效果吧。

*运行前请复位，即选择陨石的"造型1"并将其拖至左上角。

本节我们学习了以下内容，你学得怎么样？来给自己标颗星吧！

本节知识点归纳

序号	知识点	学习目的	自我评价
1	坐标	理解 Scratch 中的坐标	☆☆☆
2	添加造型	如何给角色添加造型	☆☆☆
3	新建声音	掌握并练习新建声音的几种方法	☆☆☆
4	造型切换 播放声音	理解对应模块的功能与使用	☆☆☆

课后练习 1

每次运行前都需要复位，如拖动陨石到左上角，并重新选择其未爆炸前的造型 1 等，非常烦琐，是否可以自动完成？

请将上述手动复位的动作通过程序自动完成。

Nick 小·课堂

解决上述问题的方法称为"初始化（Initialize）"，可通过预先编写的程序脚本来完成，无须每次手动复位。

初始化：通俗地讲就是在程序开始执行时先把变量（我们后面章节会介绍）赋为默认值，把背景角色设为默认状态，把没准备的准备好。

课后练习2

请尝试体会下图中两个模块的区别，为什么初始化时用第一个？而陨石飞向地球时，用第二个？

补充知识点【坐标】

模拟陨石撞向地球的过程，使用了坐标移动的概念，右图橙色横线和蓝色竖线分别是 X 轴、Y 轴。X 轴最左侧是 -240，最右侧是 240，因此 Scratch 舞台的宽度就是 480，同理这个高度就是 360。这个舞台上任何一个位置都可以通过 X 轴和 Y 轴上的数标出来。

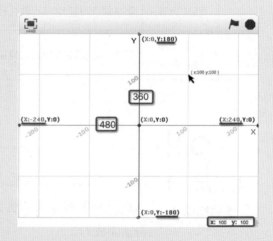

例如，图中鼠标指针的位置对应 X 轴上的数是 100，对应 Y 轴上的数也是 100，那么鼠标当前所在位置的坐标就是（X:100　Y:100），显示在如右图右下脚的位置。

大家可以试一试移动鼠标，观察鼠标坐位位置的变化。

课后练习 2 答案：

当   被点击
将造型切换为 meteor
移到 x: 216 y: 150
在 1 秒内滑行到 x: -10 y: 4
将造型切换为 meteor2
播放声音 bang.mp3   直到播放完毕

3.3　绘制飞船设计图

　　Libra 将撞击地球的模拟计算结果全息影像投影出来："人类存活概率近乎零……"

　　"Libra，快分析一下数据，看有没有什么办法阻止这场灾难？"Nick 焦急地问道。

　　Libra："只能派遣一艘巨型航空舰，在外太空对其发动攻击，将其击毁或者令其改变现在的轨道。但航空舰最佳起航时间就在九十天后……目前没有合适的巨型航空舰……""我们可以改造去年退役的毁灭号飞船！"转眼，Nick 端坐在计算机前，开始设计飞船改造草图。

【任务】请你用 Scratch 绘制飞船草图。

Step1 绘制飞船

　　1. 启动 Scratch

　　启动后，删除默认的小猫角色。

2. 进入矢量图绘制界面

单击下图中 1 处"绘制新角色"，再单击图中 2 处"转换成矢量编辑模式"。

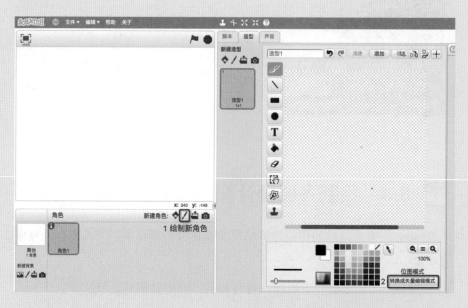

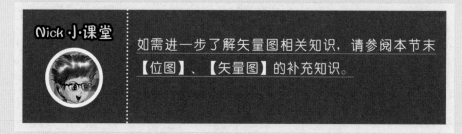

如需进一步了解矢量图相关知识，请参阅本节末【位图】、【矢量图】的补充知识。

3. 跟着 Nick 设计飞船

（1）绘制椭圆形的飞船船体：单击工具栏中椭圆工具，如下图中 1 所示，在绘图区画出一个椭圆，作为飞船的主体，可以通过图中 2 所示的清除按钮删除重新绘制。

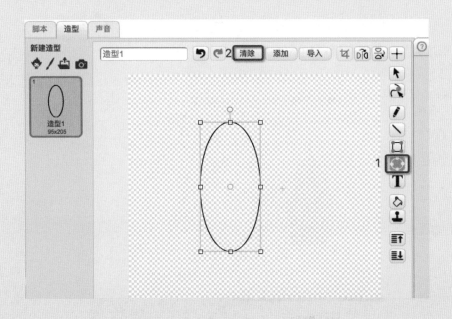

（2）将椭圆形略微变形：单击变形工具，如下图所示，用鼠标进行拖动。

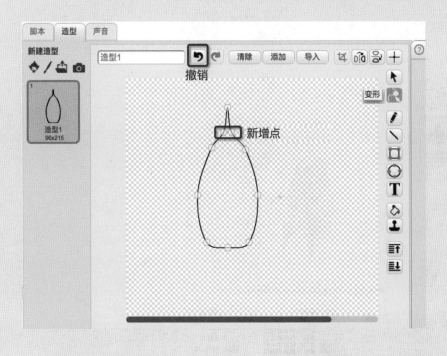

调整形状的过程中如果出现误操作，可以通过撤销回到上一步操作。

（3）为飞船船体上色：单击填色工具→选择颜色→选择填充效果，为图形填充颜色，操作顺序如下图所示。

（4）重复上述（1）～（3）步，为飞船添加底座，如下图所示。

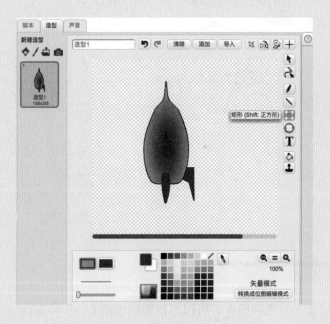

左侧要画一个同样的底座，重复上面的步骤好麻烦啊！

这里可以利用 Scratch 的 "图章工具" 和 "左右翻转工具"，对右侧底座进行复制和翻转，实现快速绘制外观相似的图形。

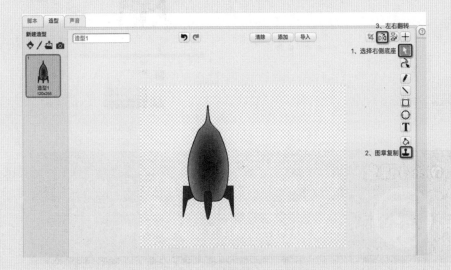

（5）为飞船添加侧翼：绘制椭圆并填充颜色，然后通过下移一层工具直到其移到飞船主体后面，如下图所示。

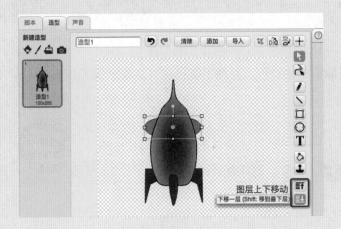

（6）美化飞船（通过导入添加国旗），如下图所示。

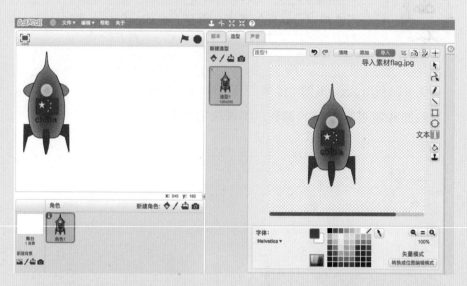

Nick 小·课堂

目前，使用文本工具添加字符时，只能输入英文。
因为当前 Scratch 2.0 版本不支持输入中文文本，
希望今后的升级版本中能实现中文输入。

Step2 添加宇航员

飞船还能依样画葫芦，要画宇航员这可真难倒我了！

不用自己画，可以上网找一张自己喜欢的宇航员图片，然
后用 Scratch 的"抠图工具"，删除背景即可。

1．导入图片

新建角色"绘制新角色"，在位图模式下，导入素材"people.jpg"，如下图所示。

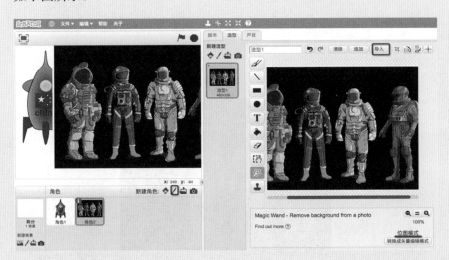

2．抠图

右侧那个橙色的宇航员比较酷，就选他吧。单击下图左侧工具栏红框所示的抠图工具，鼠标上出现了一个绿色的荧光笔，然后用鼠标在需要抠出的图像上画出线条（可利用缩放工具放大图像以便于操作），此时未勾勒出的部分变成灰色，如下图所示。

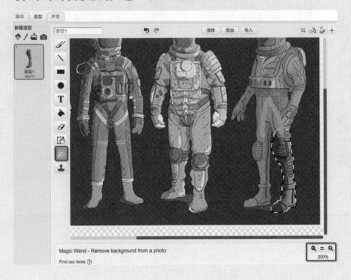

勾勒完毕，单击下图中红框所示的选择工具，这样这个橙色的宇航员就被抠出来了。再为角色设置一下中心点，图像就会移到页面上全部显示了。

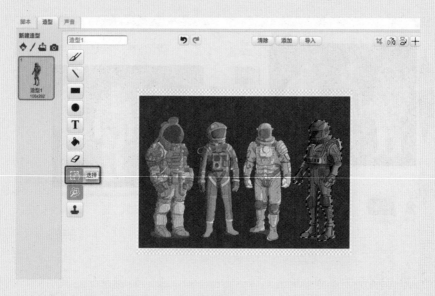

 本节我们学习了以下内容，你学得怎么样？来给自己标颗星吧！

本节知识点归纳

序号	知识点	学习目的	自我评价
1	矢量图与位图	了解各自特点	☆☆☆
2	绘制矢量图	练习，了解工具的使用	☆☆☆
3	位图模式抠图	掌握这个非常简单实用的功能	☆☆☆

课后练习

如果你觉得 Nick 画的飞船设计图不够好，那请你帮帮他，绘制一张更先进的飞船设计图吧。

补充知识点 "位图"、"矢量图"

计算机绘图分为 "位图" 和 "矢量图" 两大类，Scratch 绘图也提供了位图与矢量图两种模式。

"位图" 是与分辨率有关的，即在一定面积的图像上包含固定数量的像素。因此，如果在屏幕上以较大的倍数放大显示图像，或以过低的分辨率打印，位图图像会变得模糊不清。

"矢量图" 与分辨率无关，可以将它缩放到任意大小和以任意分辨率在输出设备上打印出来，都不会影响清晰度。因此，矢量图形是文字（尤其是小字）和线条图形（比如徽标）的最佳选择。右图是位图与矢量图经过放大后的效果对比，注意观察细节。

通俗来说，图片放大时，"位图" 格式的图片会变得模糊，"矢量图" 格式的图片则清晰度不变。

3.4 风力发电

Nick 和 Libra 两人正在优化飞船设计图。

"Nick，要发射高能激光束需要更多能量，目前现有的储备能源严重不足，而且还需要能储存如此巨大能量的容器。"Libra 看着 Nick 的设计图说道："如果能找到传说中的超级矿石 F8 就好了。"Nick 再次检查了一遍飞船草图，回答道："我们先去内蒙古草原建一个临时的风力发电站吧。"

于是，Libra 打开传送门，转眼两人来到内蒙古大草原……

【任务】请你用 Scratch 让风力发电站的风车转起来。

*风力发电的原理请参见本节末补充知识点"风力发电"。

Step1 添加素材

1. 启动 Scratch

打开 Scratch 软件，右击屏幕中的默认角色小猫如下图所示，选择删除（这是另一种删除小猫的方法），这样小猫就跟我们"拜拜"了。

2. 上传素材

分别从本节提供的素材文件中上传背景"background.jpg"和角色"windmill.png"。

3. 调整风车大小与位置

用我们之前介绍的缩小放大工具将角色调整到合适的大小，并用鼠标拖动到想放置的位置。

4. 添加风车造型

为风车添加造型：单击选项卡中的造型，依次从本节提供的 u 素材文件中上传造型（windmill1.png，windmill2.png，windmill3.png，windmill4.png），如下图所示。

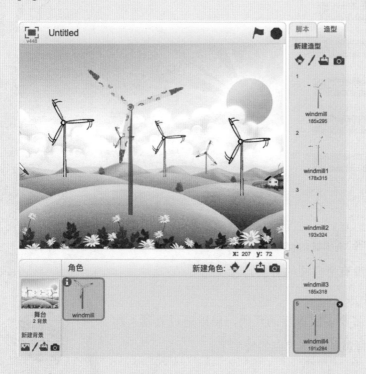

Step2 让风车转起来

怎么才能让风车转动起来呢？

我们可以采用动画原理，让风车在不同造型间切换，两个造型之间切换的等待时间是 0.1 秒还是 1 秒，可以尝试多个数值，根据演示效果决定。

*动画的原理请参见本节末补充知识点"动画"。

1. 切换造型

选中风车角色"windmill",拖入如下图所示模块,然后单击绿旗运行。

 哎呀,拖鼠标拖的手都累了,造型切换一次就要拖2条代码,有没有更方便的方法?

当然有!需要多次重复的代码,可以通过复制,然后稍作修改,这样就能提高我们的效率了。

复制脚本:如下图(左)所示,将鼠标移到想复制的代码块顶端右击,然后选择"复制"命令,这样下面拼接在一起的代码就被复制出来了,如下图(右)所示。

咦～单击启动按钮后，怎么只动了一下就停下来了？

上述代码的意思就是只执行一遍，如果要反复循环，就需要用到"重复执行"的模块。

2. 重复执行（循环）

"重复执行"
例如，你养了条宠物机器狗，每天都得给它下达指令：起床、玩耍、睡觉，日复一日……直到某天升级可使用新技能"重复执行"，就像音乐播放的循环键一样，只需要下达一次指令，一劳永逸（以后再也不用每天早起了，窃喜～）。

直观思维　　　　程序雏形　　　　优化实现

 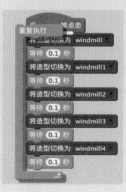

再教你一招，当需要多个造型按顺序重复切换时，可以使用"下一个造型"模块而无须写出每一个造型。

本节我们学习了以下内容，你学得怎么样？来给自己标颗星吧！

本节知识点归纳

序号	知识点	学习目的	自我评价
1	重复执行	通过"重复执行"了解程序中的循环结构	☆☆☆
2	下一个造型	了解什么情况下用"下一个造型"模块	☆☆☆

课后练习

风车如果长时间高速转动，会产生大量热量，损毁机器，所以需要让风车每转动 50 圈后停止 2 分钟，然后再继续，如此往复。赶紧行动吧……

小提示：

1. 特殊的重复执行，"重复执行 _ 次"。
2. 重复执行的嵌套使用。

补充知识点【风力发电】

风力发电，就是把风的动能转变成机械动能，再把机械动能转化为电力动能的过程。风力发电的原理，是利用风力带动风车叶片旋转，再通过增速机将旋转的速度提升，来促使发电机发电。风力发电不需要使用燃料，也不会产生辐射或空气污染，是一种可重复利用的清洁能源。

补充知识点【动画】

动画，即通过连续播放一系列画面，给视觉造成连续变化的图画。它的基本原理与电影、电视一样，都是视觉原理。医学已证明，人类具有"视觉暂留"的特性，就是说人的眼睛看到一幅画或一个物体后，它在 1/24 秒内不会消失。利用这一原理，在一幅画还没有消失前播放出下一幅画，就会给人造成一种流畅的视觉变化效果。

答案：

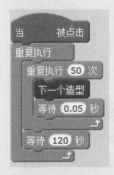

 3.5 实时监测预警

风车顺利安装完毕，能源问题终于解决了。

"Libra，现在情况如何？" Nick 关心地问道。

Libra 获取实时卫星监测数据，并用全息影像投射出来。

【任务】用 Scratch 模拟警报闪烁并添加音效效果。

Step1 添加素材并初始化

1. 添加素材

打开 Scratch 软件，删除默认角色小猫。分别从本节提供的素材文件中上传背景"background.jpg"和角色"warning.png"，如下图所示。

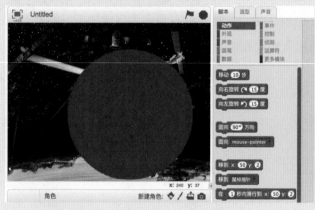

2. 初始化

通过缩放工具，将角色"warning"设置到一个合适的大小，然后将设置大小的脚本拖入脚本区，并设置初始位置，如下图所示（将角色大小设定为 10，这里 10 即表示原始大小的 10%）。

Step2 实现闪烁效果

1. 闪烁效果

要实现闪烁效果，可以通过红点逐渐变大，每次增加 1，直到 20，然后变回初始值，重复执行。这里要导入新知识点"判断结构"。

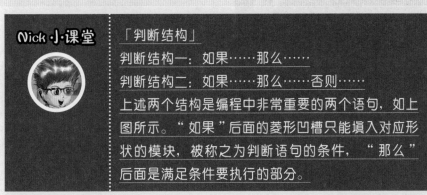

根据提示，我们编写如下图所示脚本，这样基本效果就制作出来了，赶紧单击绿旗运行看看吧。

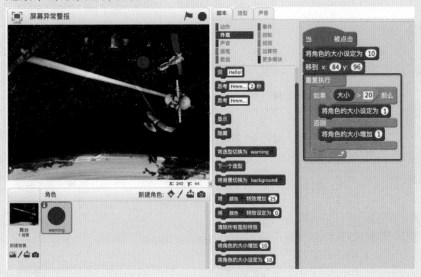

2. 优化闪烁效果

为了使角色变化的过程不要那么快，我们采用跟风车转动动画一样的处理办法（回忆一下）让每次重复执行的时候等待 0.2 秒即可，如下图所示。

3. 添加警报声

新建声音，选择"从声音库中选取声音"。声音库中选择 "效果"分类下的 "space ripple"，如下图所示。

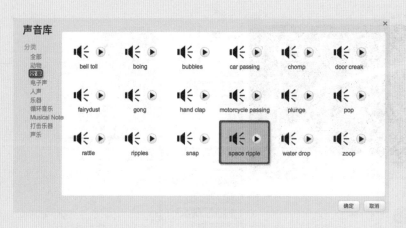

切回脚本选项卡，添加"播放声音 spache ripple"脚本，如下图所示。

看着屏幕上闪烁得越来越频繁的警报，Nick 忧心忡忡，不知道能否来得及……

Libra 看出了 Nick 的心事，说道："Nick，事在人为，能量问题解决了，我们得赶快去寻找传说中能储存巨大能量的 F8 矿石，事不宜迟。"Nick 点了点头，此时传送门再次打开……

 本节我们学习了以下内容，你学得怎么样？来给自己标颗星吧！

本节知识点归纳

序号	知识点	学习目的	自我评价
1	角色大小	角色大小的设置与变化控制	☆☆☆
2	判断语句	理解并熟练掌握判断语句的使用	☆☆☆

课后练习 1

利用上一节学习的知识，绘制一个红色的预警角色，动手试一试（根据绘制的角色大小合理设置初始值）。

课后练习 2

本节所演示的报警闪烁效果，是通过变换角色大小实现的，请你再试一试变换颜色，如循环变换为红橙黄绿青蓝紫。

课后练习 2 答案：

```
当        被点击
将角色的大小设定为 10
移到 x: 84 y: 96
重复执行
    如果  大小  > 20  那么
        将  颜色  特效增加 25
        将角色的大小设定为 1
        播放声音 space ripple
    否则
        将角色的大小增加 1
    等待 0.2 秒
```

🐹 3.6　音乐开启城门

Nick 和 Libra 走出传送门，眼前出现一扇巨大的石门，这就是索契古城的城门……城门紧闭，两人尝试推门，门却纹丝不动。

"Libra，你看那是什么？"Nick 指着石门旁墙上的一组符号问道。"好像是乐谱！"Libra 走进仔细研究后回答。"那我们把乐谱演奏出来试试，说不定就能'芝麻开门'。"

 【任务】请你用 Scratch 演奏上图中的乐谱。

Step1　添加背景与角色并初始化

1. 新建背景

打开 Scratch 软件，删除默认角色小猫。从本节提供的素材文件中上传背景 "background1.jpg" 和 "background2.png" 如下图所示。

2. 单击下图中 "背景 1" 右上角的 "×"，删除默认的空白背景，如下图所示。

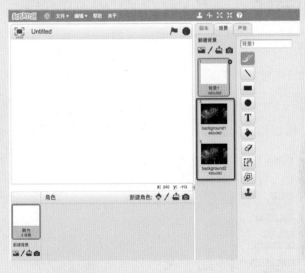

3. 新建角色

从本地文件中打开 "piano.png" "libra.png" "nick1.png"，用鼠标调整好角色的位置，如下图所示。

4. 背景初始化

用鼠标选中舞台，切换到"脚本"选项卡。添加脚本"当绿旗被单击"，将背景切换为"background1"，如下图所示。

5. 角色初始化

选中角色"piano"，添加初始化脚本，设置初始位置，如下图所示。

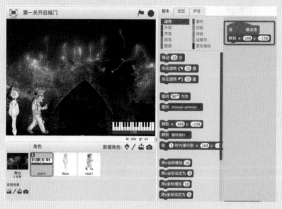

用同样的方法为"libra"和"nick1"添加初始化脚本，设置初始位置如下图所示（*注意不要把脚本放错位置了）。

Step2 创建角色对话

1. 给角色 Libra 添加对话

选中 libra，在初始化脚本下添加对话模块"城门打不开啊，不过这里有些图案"，如下图所示。

2. 给角色 nick1 添加对话

选中"nick1"添加对话与思考模块，如下图所示。

Step3 按乐谱演奏

1. 添加触发模块

选中钢琴角色"piano"，添加脚本，"事件"分类中选择"当角色被单击时"，来响应角色被单击事件，当角色被单击时该模块下的程序将会执行。

2. 选择乐器

选择"声音"分类下的"设定乐器为 x"，本节我们用到（x=1）钢琴。

设置音量和节奏，乐谱上 $\text{♩}=65$ 表示一拍的节奏为 65，也可以设定节奏为 90，那么 Nick 和 Libra 弹奏的曲子节奏就会快一些，如下图所示。

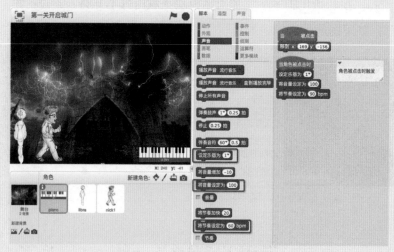

3. 按乐谱演奏

这个积木模块是用来弹奏音乐的，单击 60 位置的小三角就会出来这个小键盘，单击键盘就会发出声音，而且选中音符的数字也会自动输入进去，如下图所示。60 代表 C 调中的中音 1，黄色就是钢琴中该键的位置。第二个框中的 1 代表节拍，如果是半拍那么就填 0.5（可以参考本节末补充知识点"拍号"）。

即使无乐理知识也无妨，可以参考下列对应表格。

1	2	3	4	5	6	7	← 简谱
48	50	52	53	55	57	59	← 代码模块中对应输入
1	2	3	4	5	6	7	
60	62	64	65	67	69	71	
1	2	3	4	5	6	7	
72	74	76	77	79	81	83	

掌握了上述方法，将城门旁的乐谱编写成 Scratch 的程序吧。

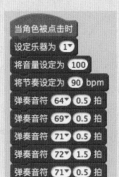

← 此处仅列出部分演奏模块，供参考，其余请自

行练习补充完成。

Step4 乐谱演奏完毕后，城门自动打开

1. 新建广播"音乐弹奏完成"

乐谱演奏完后，如何让城门打开呢？这里要导入"广播"模块。

此处，角色 piano 在乐谱播放完之后再添加一个"广播"模块，广播的消息内容可以自定义，如下图所示，广播内容可以设定为"音乐弹奏完成"。

2. 接收广播后，城门开启

要实现城门自动开启，可以通过背景切换来完成，什么时候切换？就是接收到"音乐弹奏完成"的广播后。为背景添加脚本步骤如下：

（1）"事件"→"当接收到""音乐弹奏完成"。

（2）"外观"→"将背景切换为""background2"，如图下所示。

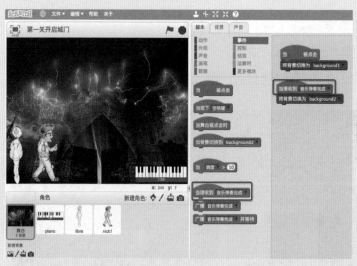

终于打开了城门，后面还会有什么难关等着他们俩呢？

跟着 Nick 和 Libra 继续他们的旅程吧！

本节我们学习了以下内容，你学得怎么样？来给自己标颗星吧！

本节知识点归纳

序号	知识点	学习目的	自我评价
1	简单乐理	能够更好地演奏出动听的音乐	☆☆☆
2	音乐演奏	如何设置音符和节拍	☆☆☆
3	广播	广播的应用场景与实际使用	☆☆☆

完成整个乐谱的程序编写并演奏

课后练习 1

用"广播"和"当接收到"实现如下效果：

城门打开后，Nick 说"太神奇了，真的打开门了！！！"

课后练习 2

补充知识点

乐谱，是一种以印刷或手写制作，用符号来记录音乐的方法。简谱是指一种简易的记谱法，用 1、2、3、4、5、6、7 代表音阶中的 7 个基本级，读音为 do、re、mi、fa、sol、la、si，休止以 0 表示。为了标记更高或更低的音，则在基本符号的上面或下面加上小圆点。在基本符号上面加上一个点叫高音，例如 i（高音 1）；在基本符号下面加一个点叫低音，例如 5（低音 5）。

拍号，用于表示不同拍子的符号称为。拍号一般标记在调号的后面。例如：$=C\frac{4}{4}$ 表示是 C 调，以四分音符为一拍，每小节 4 拍。

第一小节 0 代表休止符，就是空一拍，那么第一小节一共有 2 拍半的空拍。

课后练习 1 答案：

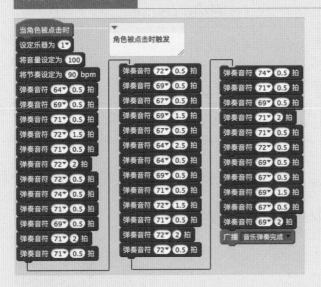

课后练习 2 答案：

3.7 勇闯地穴

随着音乐声响起，巨大的城门缓缓开启……Nick 和 Libra 走进城堡，通过一条幽暗的地道，进入了一个巨大的地下洞穴，到处都是巨型黑蝙蝠，他们能安全通过吗？

【任务 1】请你让黑蝙蝠在洞穴里四处飞动。

Step1 准备工作，切换场景

上一节中演奏完乐谱，城门打开，两人进入了城堡，此时要切换背景画面，且不再需要角色 pinao，因此可以隐藏该角色。

1. 切换场景

（1）选中角色"nick1"，将脚本"事件"中的广播模块拖入脚本区，创建新消息"进入城堡"，拼接到如下图所示位置。

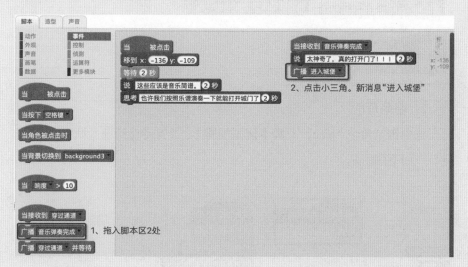

（2）新建背景，选中舞台（下图标识 1），在选项卡中选择"背景"（下图标识 2），从本机文件中上传背景（下图标识 3）。打开本节素材中的"background3.jpg"，添加一张背景。

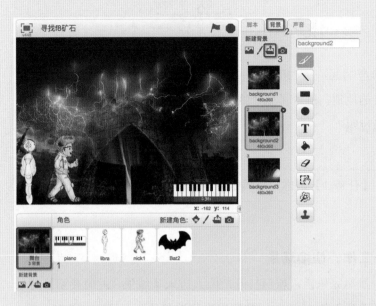

（3）选中舞台，切换到"脚本"选项卡。我们再来添加切换背景的脚本，如下图所示（提示：还记得我们之前讲过的小技巧复制吗？）。

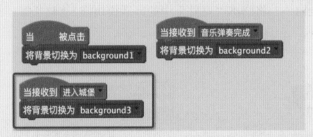

2. 隐藏角色

选中钢琴角色"piano"，脚本区添加脚本："当接收到进入城堡"，"隐藏"，如下图所示。

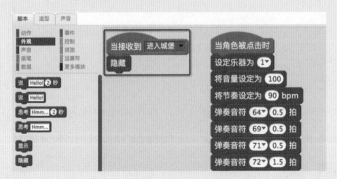

完成上述步骤后，单击绿旗运行一下，如右图所示，咦，出现bug了~钢琴不见了。

那是因为在前一步将角色钢琴隐藏了，因此要在单击绿旗后初始化该角色，即设定显示。

"Bug"&"Debug"

某天，哈佛的一位女数学家格蕾丝·莫雷·赫伯在调试程序时出现故障，拆开继电器后，发现有只飞蛾被卡在触点中间，从而"卡"住了机器的运行。于是，霍波诙谐的把程序故障统称为"臭虫（BUG）"，把排除程序故障叫 DEBUG，而这奇怪的"称呼"，后来成为计算机领域的专业行话。从而 debug 意为程序除错的意思。

3. 角色初始化

选中钢琴角色，接着为钢琴添加初始化脚本，如下图所示。

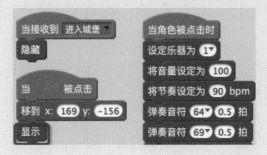

Step2 黑蝙蝠在空中不停飞动

思路：为蝙蝠设定移动的路径，通过
"重复执行"实现不停飞动。

1. 新建角色黑蝙蝠

从角色库中选取角色，从"动物"分类
中选取黑色蝙蝠"Bat2"，如右图所示。

2. 蝙蝠角色初始化

（1）选中蝙蝠角色，因为蝙蝠是第二关才出现，因此当单击绿旗时，
蝙蝠需要隐藏。

（2）当接收到"进入城堡"的广播后，为蝙蝠设置一个初始位置（例
如：左上角）并显示，如下图所示。

3. 让蝙蝠不停的飞

（1）选取多个坐标，规划好蝙蝠移动的路线（如下图所示），让蝙
蝠按顺序滑行到各个位置。

（2）通过控制分类下的"重复执行"，让蝙蝠不停的飞，如下图（右）所示，这样蝙蝠的功能就设置完成了。

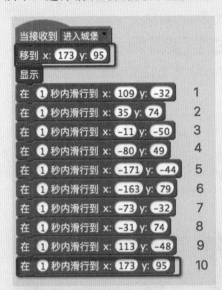

按指定线路飞行

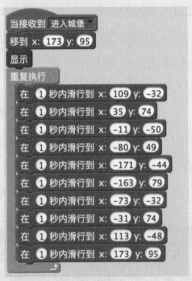

永不停歇的飞

　【任务 2】请你让 Nick 带领 Libra 顺利通过布满黑蝙蝠的洞穴。

（闯关游戏：通过键盘控制 Nick 向前或向后移动以躲避黑蝙蝠，如碰到黑蝙蝠，则闯关失败。）

Step1　通过键盘控制 Nick 移动

1. 初始化角色 Nick

选中角色"nick1"，设置进入地穴的初始位置，Nick 说"小心，空中有个家伙，跟紧我 Libra"，添加如下图所示脚本。

当接收到 进入城堡
移到 x: -136 y: -109　初识化进入城堡后的位置
说 小心，空中有个家伙，跟紧我Libra 2 秒
发现黑篇幅，对libra发出指令

2. 键盘控制角色 Nick

（1）使用 Scratch 脚本中"事件"分类下的  模块，这样对应的按键被按下，它下面的脚本就会开始执行。

（2）通过脚本"动作"分类下的 面向 90▼ 方向 模块来控制角色的方向，这样会有一个转身的效果，例如向左移动，那么就是面向 -90 方向，这样就不会是后退移动了。

（3）添加按键按下后将要移动的步数，这里步数将影响角色的运动速度。这样我们就可以通过键盘上的方向键来控制 nick 行动了，如右图所示。

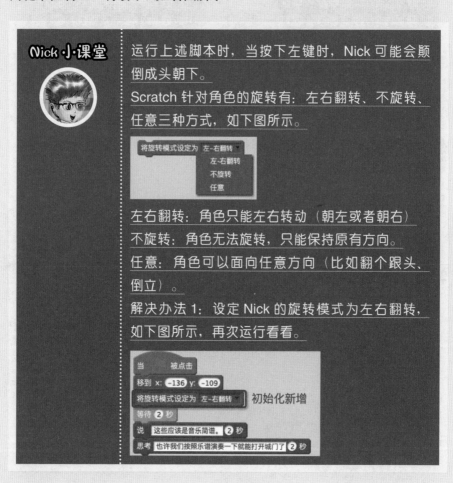

Nick 小课堂

运行上述脚本时，当按下左键时，Nick 可能会颠倒成头朝下。

Scratch 针对角色的旋转有：左右翻转、不旋转、任意三种方式，如下图所示。

左右翻转：角色只能左右转动（朝左或者朝右）

不旋转：角色无法旋转，只能保持原有方向。

任意：角色可以面向任意方向（比如翻个跟头、倒立）。

解决办法 1：设定 Nick 的旋转模式为左右翻转，如下图所示，再次运行看看。

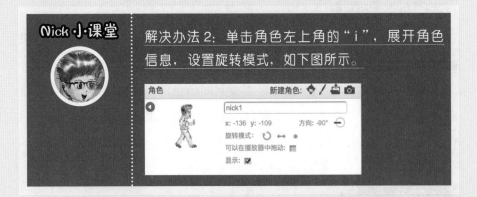

解决办法 2：单击角色左上角的"i"，展开角色信息，设置旋转模式，如下图所示。

3. 角色 Nick 造型切换

（1）为 Nick 添加造型，依次按顺序打开本节提供的素材："nick2.png""nick3.png""nick4.png"如下图所示，使 Nick 移动的效果更加逼真（*顺序不要错）。

（2）选中角色"nick1"，优化控制 Nick 移动的脚本，加入"下一个造型"模块，如下图所示。

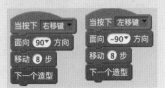

4. 设定闯关规则

（1）利用"侦测"分类下的"碰到xxx"模块，下拉选择Bat2，如果碰到蝙蝠条件成立停止全部，游戏停止。

（2）Nick成功走到右侧，只需要判断角色的x坐标值即可，我们设定只要Nick的x坐标大于215就表示闯关成功，跟第一关一样，成功后将发出一条广播信息（如下图所示），准备进入下一关的挑战吧。

设定闯关规则

* 注意：这里我们使用重复执行，是因为我们需要在第二关中不停地来判断Nick是否闯关成功。

5. 添加注释

"注释"

代码注释：遇到程序比较复杂的时候，在一些不好理解的代码块上可以加上一些描述文字，便于他人理解或者以后查看修改，这些描述性的文字被称为代码注释，它是程序设计中重要的组成部分。（为程序添加注释是一个非常好的习惯）

在需要添加注释的模块上右击，在弹出的菜单中选择"添加注释"，然后输入文字完成注释文字添加，如下图所示。

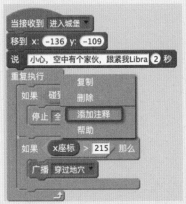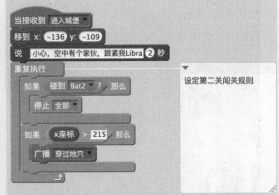

6. 让 Libra 跟随 Nick

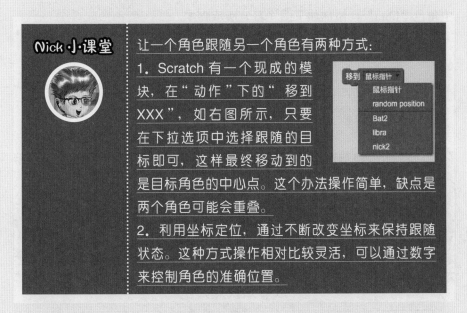

让一个角色跟随另一个角色有两种方式：

1. Scratch 有一个现成的模块，在"动作"下的"移到XXX"，如右图所示，只要在下拉选项中选择跟随的目标即可，这样最终移动到的是目标角色的中心点。这个办法操作简单，缺点是两个角色可能会重叠。

2. 利用坐标定位，通过不断改变坐标来保持跟随状态。这种方式操作相对比较灵活，可以通过数字来控制角色的准确位置。

　　思路：我们选择第二种坐标定位的方式，因为 Nick 和 Libra 处在同一水平位置且都是在水平方向运动，根据坐标知识可以知道他们的 y 坐标将不会发生变化，如下图所示。

只需要让 Libra 的 x 坐标一直比 Nick 的 x 坐标小 70（这个数字的大小就控制了 Libra 与 Nick 的距离），这样 libra 就会一直在 Nick 左侧了。选中角色"libra"，添加如下图（右）所示脚本。

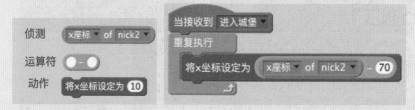

* 因为 nick 运动时 x 坐标一直在变化，所以我们要通过重复执行来不断地改变 Libra 的坐标。

 本节我们学习了以下内容，你学得怎么样？来给自己标颗星吧！

本节知识点归纳

序号	知识点	学习目的	自我评价
1	按键事件	通过键盘按键设置不同功能增加游戏的趣味性	☆☆☆
2	debug	分析思考，寻找问题原因，解决问题	☆☆☆
3	代码注释	培养良好的注释习惯，不仅仅是写程序	☆☆☆

课后练习

如修改游戏的设定，当碰到蝙蝠时，不必从演奏乐谱开始，而仅从第二关进入城堡后开始，直至闯关成功，代码该如何编写？

（提示：从何得知 Nick 等人已进入城堡？代码只需小小的修改即可。）

课后练习答案：

```
当接收到 进入城堡
移到 x: -136 y: -109
说 小心，空中有个家伙，跟紧我Libra 2 秒
重复执行
    如果 碰到 Bat2 ? 那么
        弹奏音符 49 0.5 拍
        广播 进入城堡
    如果 x座标 > 215 那么
        广播 穿过地穴
```

▼
设定第二关闯关规则

3.8　智开宝箱

　　Nick 和 Libra 好不容易躲过黑蝙蝠，穿过洞穴，走入一间密室，在密室中央的石桌上放着一个箱子。"这箱子里可能就是我们正在寻找的 F8 矿石"，Nick 指着箱子对 Libra 说。"是锁住的，不过密码箱上好像有一道谜题，也许解出谜题就知道密码了，我们可以试试"穷举法"。"Libra 兴奋地说道。

"穷举法"

这是一种密码破译方法。先找出所有可能的密码，然后逐个尝试直到找到正确的密码为止。

例如这个宝箱是一个四位并且全部由数字（1～9）组成的密码，共有（1111、1112、1113……9998、9999）6561 种组合，也就是说最多只要尝试 6561 次就能找到正确的密码，因此破解任何一个密码都只是时间问题。

任务：请用你所掌握的知识破解密码，打开宝箱。

Step1 准备工作，切换场景

1. 切换场景

（1）为本关新增背景。选中舞台，在"背景"选项卡中选择"从本地文件中上传背景"，打开本节素材中的"background4.jpg"，完成后如下图所示。

（2）完成背景切换代码，选择"脚本"选项卡，为舞台添加代码，如下图红色方框所示。

2. 角色初始化

（1）隐藏蝙蝠，选中蝙蝠角色，添加脚本让其在本关隐藏，如右图所示。

（2）初始化 Nick 位置（因为 Libra 有程序控制紧跟着 Nick，因次无须单独设置 Libra 的位置），选中角色 Nick，添加脚本如右图所示。

（3）新增宝箱角色，"从本地文件中上传角色"，打开本节提供的素材"box1.png"并为宝箱添加造型，打开素材"box2.png"。初始化宝箱，如下图所示。

3．添加对话

（1）为 Nick 添加对话脚本，选中角色"nick1"，穿过地穴初始化脚本。下面添加对话"Libra，现在是你发挥本领的时候了。"如下图所示。

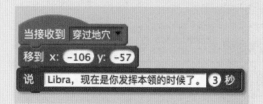

（2）选中角色"libra"，为 Libra 添加对话脚本，"看我的，破解这个密码小菜一碟！"Libra 说道，如下图所示。

Step2 破解密码

正式破解密码之前，我们需要先了解一个新的概念"变量"。

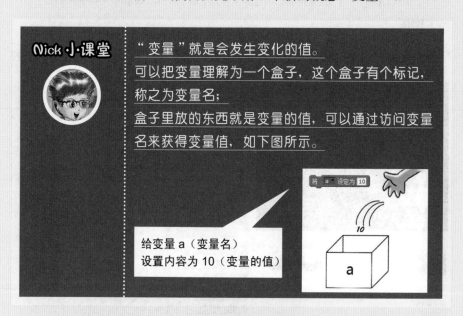

Nick 小课堂

"变量"就是会发生变化的值。

可以把变量理解为一个盒子，这个盒子有个标记，称之为变量名；

盒子里放的东西就是变量的值，可以通过访问变量名来获得变量值，如下图所示。

给变量 a（变量名）设置内容为 10（变量的值）

这里要注意，这个盒子每次只能存放一个值，当往这个盒子里再放入一个值时，新的值会覆盖之前的值，例如我们将变量 a 的内容设定为"哈哈"（除了数字还可以是其他字符哦，在程序中我们称之为：字符串）那么此时我们 a 的值就不再是 10 而是"哈哈"。

在之前我们也用到过，例如 ▢ x座标 ，在 Scratch 中这些前面带方框的圆角的模块都是变量，我们可以将其称为系统变量。除了系统变量外，我们还可以新建变量，以便存储程序中的某些数据。

1. 创建 4 个变量

在"脚本"选项卡中的"数据"分类下单击新建变量（如下图左所示），在新建变量窗口中输入变量名"a"（如下图右所示），下方适用于所有角色、仅适用于当前角色选项决定这个变量是用于整个游戏还是只用于当前的角色。选中适用于所有角色即可，单击确定。

第一步

第二步

按上述步骤依次添加变量 b、c、d，分别代表四位密码。变量创建成功后，就会自动产生该变量相关的模块，如下图所示。

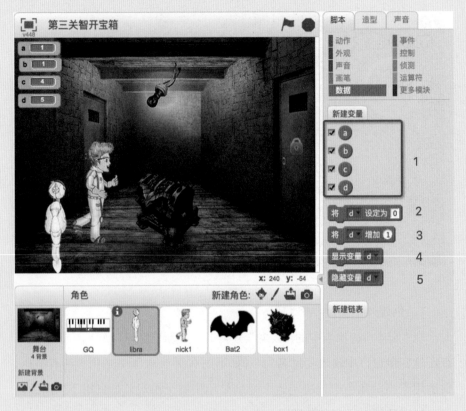

（1．所有变量列表；2．为变量设置内容；3．如果变量是数字，对变量的内容进行加法操作，如果要做减法，只需要增加一个负数；4．显示变量，相当于变量前面打上对钩，变量将在舞台上显示；5．让变量在舞台上隐藏，相当于取消变量前面的对钩。）

2．尝试找到谜题的答案

找到变量 abcd 的正确值，满足下图公式 63+a*9/b-12xc+d=29。

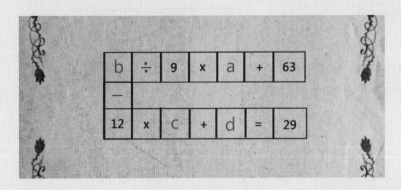

思路：我们设置了四个变量（a、b、c、d），按照穷举法，让其变化规律如下，（1、1、1、1）（1、1、1、2）（1、1、1、3）（1、1、1、4）（1、1、1、5）（1、1、1、6）（1、1、1、7）（1、1、1、8）（1、1、1、9）（1、1、2、1）（1、1、2、2）（1、1、2、3）（1、1、2、4）……（9、9、9、8）（9、9、9、9），如果其中某四个数能让我们等式成立，那么这四个数就是我们需要破解的密码。

Libra，虽然这是个简单易行的方法，但是计算量太大了。

是的，但这点计算量对计算机来说不算什么，只要花一点时间编写正确的代码，运算过程也就一眨眼的功夫。我们开始吧！

（1）通过循环嵌套，实现穷举法。选中角色"libra"，添加脚本如下图红色方框所示。可以通过运行观察舞台上显示的四个变量值的变化规律，更好地理解嵌套循环与穷举法。

*注意事项：模块中用到的变量a、b、c、d是把"数据"里之前新建的变量拖入脚本区的，很多小朋友经常犯错，用键盘进行输入，再检查一下你有没有犯这样的错误呢。

"循环嵌套"

一个循环结构内可以含有另一个循环（即重复执行），称为循环嵌套，又称多重循环。外层循环称为外循环，内层循环称为内循环。它的执行过程是由外到内，外层循环每执行一次，内层则执行一个完整的循环。

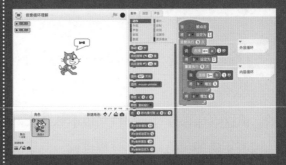

上图为一个简单嵌套循环的例子，外层循环执行 1 次，那么内层将执行 9 次。也就是说小猫会说一次 a=1，接下来将会说 b=1、b=2、b=3……b=9 共 9 次，然后再执行 a 的值增加 1，回到外层循环，小猫又将说 a=2，接下来又是 9 次内循环，直到整个外循环执行结束。

（2）使用"运算符"中的模块和"数据"中的变量拼接等式 63+ax9/b-12xc+d=29，如下图所示。

（3）四个数每改变一次进行一次计算，判断上面拼合的等式是否成立，如果成立那么密码就已经破解成功，我们可以停止计算，否则继续下一轮循环。增加判断语句，如下图红色方框所示。

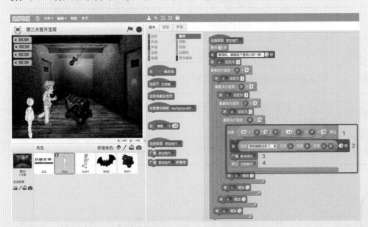

（1. 判断等式是否成立；2. 通过"运算符"分类中的连接模块，拼合字符与变量说出来；3. 发出广播破译成功；4. "控制分类"中的"停止当前脚本"来停止运算。）

（4）当接收到密码破译成功的广播消息后，Nick 开锁（通过广播，让宝箱改变造型），获得 F8 矿石。选中角色"nick1"，添加如下图所示脚本。

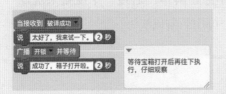

（5）选择宝箱角色 box1，当接收到消息"开锁"，添加宝箱造型改变的脚本（如下图所示）并取消变量前面的对钩，舞台上不显现变量的信息。

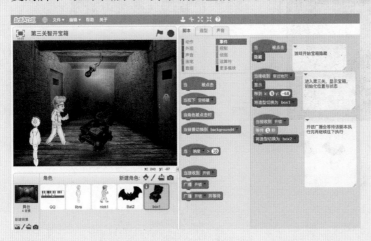

本节我们学习了以下内容，你学得怎么样？来给自己标颗星吧！

本节知识点归纳

序号	知识点	学习目的	自我评价
1	变量	掌握理解变量这个重要模块的使用	☆☆☆
2	循环嵌套	对于多重循环的使用理解，搞清楚程序执行的顺序	☆☆☆
3	广播并等待	理解与广播的区别，灵活运用	☆☆☆

课后练习

经过分析，本关宝箱的密码不止一个，你能让 Libra 在算出第一个密码后不停止脚本，通过一个变量来统计一下总共会有多少个可用的密码吗？

课后练习答案：

3.9　收集莫桑石

找到 F8 矿石，飞船的动力问题总算解决了，但还有个难题摆在两个小家伙的面前。这次飞船执行的是超距离作战任务，所以速度比平时提升近十倍，以此高速穿越大气层时，剧烈摩擦产生的热量，足以熔化普通的飞船外壳，他们唯一的希望就是获取极为稀少的莫桑石（碳硅石）作为飞船的耐热材料，对现有飞船外体进行升级改造。

两人商量决定投送一辆搭载飞行器的矿车去戈壁完成任务，这辆矿车搭载了两个飞行器，内置搜索程序，能自动识别莫桑石并进行收集。

> 【任务】请编写程序让搭载飞行器的矿车收集莫桑石。

Step1 准备工作

1. 新建背景

新建项目，删除默认角色小猫，为舞台新建背景。从背景库中选择背景 desert1，如下图所示。

2. 新建角色

（1）新建 2 个飞行器角色，从角色库中选取"Planet2"（如下图所示），添加 2 次。

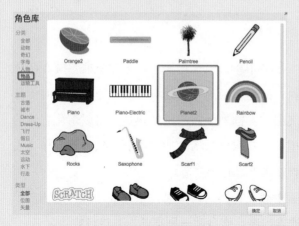

（2）从本地文件中上传角色，分别打开本节对应的素材文件"truck.png""stone.png"，如下图所示是所有角色添加完毕后的效果。

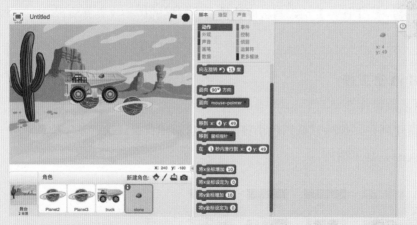

Step2 随机出现莫桑石

学习用"克隆"实现随机出现多块莫桑石的场景。

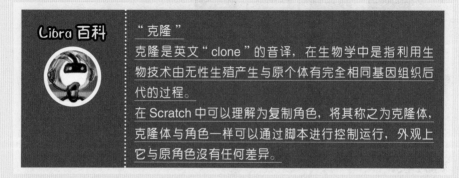

Libra百科

"克隆"
克隆是英文"clone"的音译，在生物学中是指利用生物技术由无性生殖产生与原个体有完全相同基因组织后代的过程。
在 Scratch 中可以理解为复制角色，将其称之为克隆体，克隆体与角色一样可以通过脚本进行控制运行，外观上它与原角色没有任何差异。

1. 初始化莫桑石

选中角色"stone"，当绿旗被单击，添加脚本初始化位置，初始坐标为（x:0，y:0）。

2. 克隆莫桑石

重复执行 20 次，对角色"stone"进行克隆（控制分类下"克隆自己"），为克隆体设置随机位置，设置 x 坐标为 –230 到 230 间的一个随机数，这样保证不会让莫桑石跑到舞台的左右两侧之外，y 坐标为 –170 到 0 间的一个随机数，保证莫桑石不会出现在天上或舞台下方，脚本如下图所示。

运行几次看看，是不是已经克隆出了很多个莫桑石了，而且每次出现的位置都不同，如下图所示。

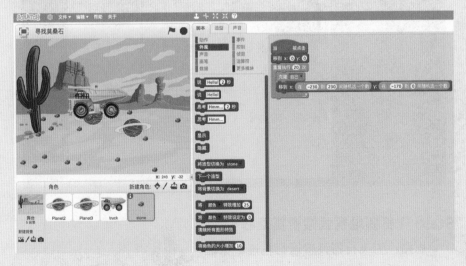

3. 卡车驶入舞台中央

为卡车添加脚本，当绿旗被点击，设置卡车初始位置（x:240y:0）

让卡车用一秒的时间滑行到舞台中央（x:0y:0），如下图所示。

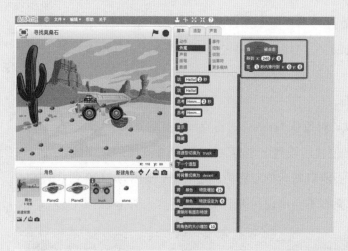

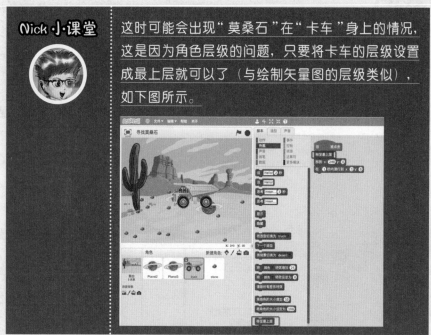

这时可能会出现"莫桑石"在"卡车"身上的情况，这是因为角色层级的问题，只要将卡车的层级设置成最上层就可以了（与绘制矢量图的层级类似），如下图所示。

Step3 飞行器地毯式搜索莫桑石

思路：为飞行器设置运行轨迹，保证能覆盖到所有区域，如右图所示，让两个飞行器从中间开始向两端搜寻，如果到达左右边界飞行器任务执行完毕。

1. 飞行器初始化

选中角色"Planet2"，当绿旗被单击，设置角色大小为 0；

等待 1 秒后此时卡车已经移动到舞台中央，将角色移动到卡车上；

通过重复执行将角色大小增大，实现一个动画效果，最后如右图所示。

要实现飞行器自动搜索并收集莫桑石的程序较为复杂，在编写类似较为复杂的程序时，建议按如下步骤：

（1）绘制【流程图】，理清思路。

（2）根据【流程图】进行程序设计。

（3）运行程序并 Debug。

三步法的好处是让程序结构清晰，思路明确，便于后续 Debug。

下面就让 Nick 给大家介绍一下"流程图"的画法。

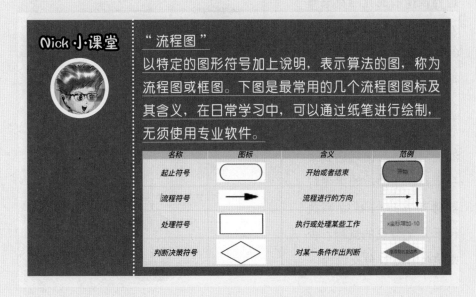

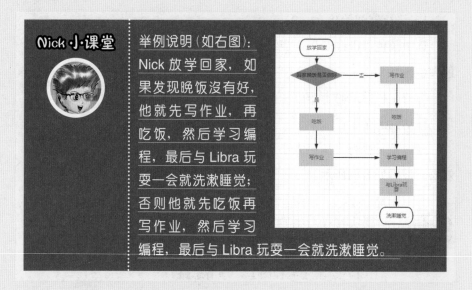

Nick 小·课堂

举例说明（如右图）：Nick 放学回家，如果发现晚饭没有好，他就先写作业，再吃饭，然后学习编程，最后与 Libra 玩耍一会就洗漱睡觉；否则他就先吃饭再写作业，然后学习编程，最后与 Libra 玩耍一会就洗漱睡觉。

2. 绘制飞行器的执行流程图

根据对飞行器设计的搜索飞行轨迹，下面我们以角色"planet2"为例（向左侧飞行搜索），画出它的执行流程图，如下图所示。设定飞行器移动方向，1 表示向上移动，–1 表示向下移动（流程中的边界根据前面克隆莫桑石分布的范围，上下 y 坐标 0 到 -170，左右两侧 x 坐标 -230 到 230 来确定）。

流程简介：程序开始后是包在一个重复执行的流程里，进入循环遇到第一个判断条件，如果飞行器移动方向 =1 成立则执行下方 Y 分支的流程，否则执行右侧 N 分支流程。

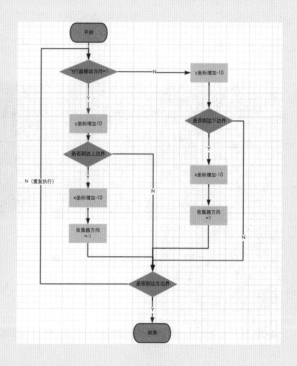

先来看 Y 分支的流程：飞行器向上移动 y 坐标增加正数，这里又会遇到一个判断，看我们飞行器是否飞到了莫桑石分布上边界，如果是，执行 Y，需要将飞行器往左侧移动（x 坐标增加 –10），并重新设置飞行方向为 –1，改为向下。否则不做任何操作，继续后面的流程。

再看右侧 N 分支流程：飞行器向下移动 y 坐标增加一个负数，同样需要一个判断看飞行器是否到了莫桑石分布下边界，如果是执行 Y，需要将飞行器往左侧移动（x 坐标增加 –10），并重新设置飞行方向为 1，改为向上。否则不做任何操作，继续后面的流程。

最后这两个分支都要进入一个判断，看是否到达了莫桑石分布的左侧边界，如果是，执行 Y，表示任务完成，搜集程序执行结束。否则通过重复执行继续回到开始处。

3. 编写飞行器搜索程序

（1）新增一个变量 p2v，表示 planet2 的移动方向（p2v=1 表示向上移动，p2v=–1 表示向下移动），此时飞行器跟卡车都处于舞台中央，处于莫桑石分布的上边界处，因此我们设置 p2v 的初始值为 –1，让其先往下移动搜索，如下图所示。

（2）添加一个重复执行，在重复执行内添加判断语句，如果 p2v=1 成立则执行流程图中 Y 分支，否则执行右侧 N 分支，如下图所示。

（3）为角色向上移动添加脚本，y 坐标增加一个正数，如果到达莫桑石分布上边界（y 坐标>0）角色往左移即 x 坐标增加一个负数，设置方向为-1 表示转为向下移动，如下图所示。

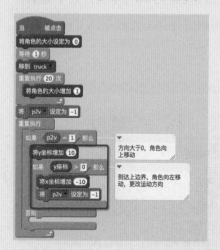

* 说明：绿色莫桑石的宽与高都在 10 个像素以上，因此将 x、y 坐标增加 10 均可保证能够被飞行器探触碰到。

（4）否则角色向下移动，y 坐标增加一个负数，如果到达莫桑石分布下边界（y 坐标<-170）角色往左移即 x 坐标增加一个负数，设置方向为 1 表示转为向上移动，如下图所示。

（5）根据流程图，添加最下方判断是否到达莫桑石分布左侧边界（x 坐标 <-230）的脚本，如果是，飞行器汇报"1 号飞行器完成任务"，飞回矿车，具体脚本如下图所示。

为了程序效果在飞行器飞回卡车后添加了隐藏，所以在角色初始化时增加了显示，如上图所示（程序中只要对角色进行了隐藏，对应初始化的时候一定要记得加上显示）。

（6）为飞行器角色"Planet3"添加脚本，可以直接复制"Planet2"的脚本，因为他们的逻辑是一样的，只需要做如下几处修改（如下图所示）即可。

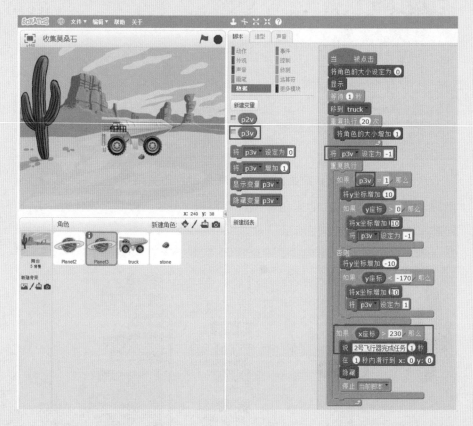

① 新建变量 p3v，表示"Planet3"的移动方向，将复制脚本内的变量 p2v 都换成 p3v。

② "Planet3"到达上下边界，要将角色向右侧移动，即 x 坐标增加 10。

③ "Planet3"向右侧飞行，因此判断是否到达莫桑石分布的右侧边缘（即 x 坐标 >230）。

④ 汇报要改为 2 号飞行器哦，不要忘啦。

Step4 搜索过程中，飞行器一旦探测到莫桑石立即收集

思路：如何让飞行器收集莫桑石呢？第一个想到的是不是用"侦测"分类下的"碰到 xx"。思路没错，不过这里的莫桑石很特殊，不是一个角色，而是被克隆出来的，怎么办？换个角度，能否判断莫桑石的克隆体碰到飞行器呢？答案是可以的。

1. 编写克隆体程序

选中角色"stone"，脚本选项卡"控制"分类，当作为克隆体启动时，重复执行，判断如果碰到飞行器，将本克隆体删除，如下图所示。

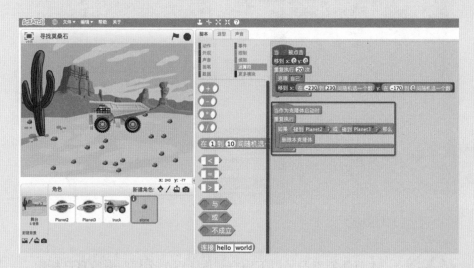

2. 运行调试

运行一下，有一块莫桑石没有被收集到。怎么回事？

出现 bug 是编程中常见的情况，我们来查看一下。

Debug

查看莫桑石的脚本，程序通过重复执行 20 次，克隆了 20 个莫桑石，那么加上本身将有 21 块，只有作为克隆体的 20 块碰到飞行器后删除了克隆体，因此剩下的那一块就是角色自身。

我们只需要为角色增加一个判断遇到飞行器后隐藏，并在初始化的时候增加脚本"显示"，如下图所示。

再运行试试吧！

 本节我们学习了以下内容，你学得怎么样？来给自己标颗星吧！

本节知识点归纳

序号	知识点	学习目的	自我评价
1	克隆	了解使用的方法，克隆往往与作为克隆体启动共同使用	☆☆☆
2	算法思维	通过思考如何利用算法去解决一些常见问题	☆☆☆
3	流程图	理解流程图的作用，学会程序设计"三步法"	☆☆☆

课后练习

飞行器执行完任务后回到卡车，我们希望卡车驶离舞台，该怎么编程呢？（想一想：怎么能让卡车知道两个飞行器都完成任务了呢？）

提示：如果是一个飞行器的话，我们可以直接利用学到的广播。可现在是两个飞行器，就需要通过一个变量来判断。两个飞行器完成任务后都去让该变量值增加 1，如果变量值等于 2 就说明两个飞行器都完成了任务。

课后练习答案：

新建变量"任务"，如下图所示，为 truck 添加脚本，初始化为 0，判断变量等于 2，驶离舞台；分别在 2 个飞行器角色完成任务后将变量值加 1。

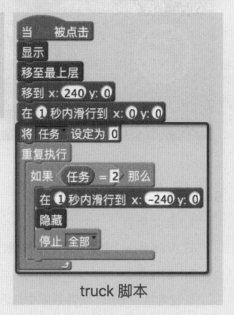

truck 脚本

3.10　整装待发

有了 F8 矿石和莫桑石，改造飞船的工作正紧锣密鼓地进行着……

"Nick，飞船问题是解决了，可宇航员呢？相当于常规飞船五倍的速度不是常人能承受的！" Libra 担忧地说道。Nick 安慰："别担心，基地之前刚好已经招募了五名后备宇航员，是从几十万名跃跃欲试者中脱颖而出的，应该能执行此次任务。走！带你去认识一下他们！"

> 任务：请 Nick 点名，被点到名者回答"到！"

思路：

提供一份有五名宇航员的名单，将名单存入"链表"；

按顺序说出名单中的人名；

被点到名的人员需要作出应答。

Nick·小·课堂

"链表"

在 Scratch 中链表是一种特殊的变量，与之前讲过的变量不同的是链表可以存储多个数据，每个数据项（item）都会有一个编号，我们可以通过链表的对应编号获取数据项的具体内容。数据项可以存储数字或者字符。

Step1 准备工作

1. 新建项目

打开 Scratch，新建项目，删除默认角色小猫。

2. 添加背景

新建背景，选择"从背景库中选取背景"。在背景库中"室内"分类下，选择"stage2"，结果如下图所示。

3. 添加角色

新建角色，选择"从本地文件中上传角色"，打开"nick.png""A.png""B.png""C.png""D.png""E.png"，并用鼠标移动到合适的位置，如下图所示。

Step2 创建名单【链表存储】

1. 新建链表

（1）脚本中选择"数据"分类，单击新建链表，如下图所示。

（2）填入链表名称"航天员名单"，下面选择适用范围跟变量创建是一样的，我们选择适用于所有角色即可（如下图所示）。这样可以在舞台上看到这个空白的链表，同时链表下方出现了对应的控制模块，回忆一下跟变量是不是很像呢。

2. 链表存入名单

用记事本新建一个文档，每行存储一个人名，然后保存为"宇航员名

单 .txt"。将鼠标移到舞台的链表上右击，在弹出的菜单中选择导入，如
下图所示，然后选择刚才存储的 txt 文件。

（选择导入）

（选择文件）

（导入成功）

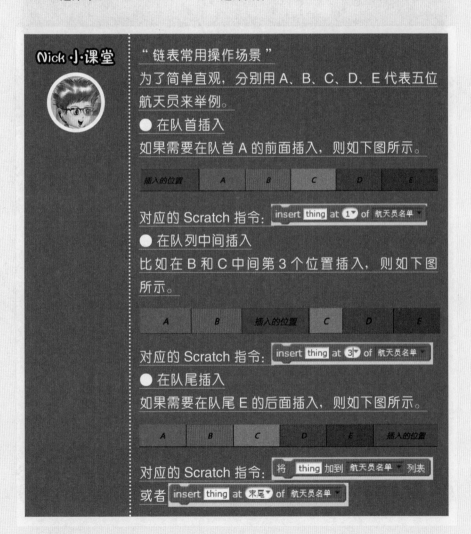

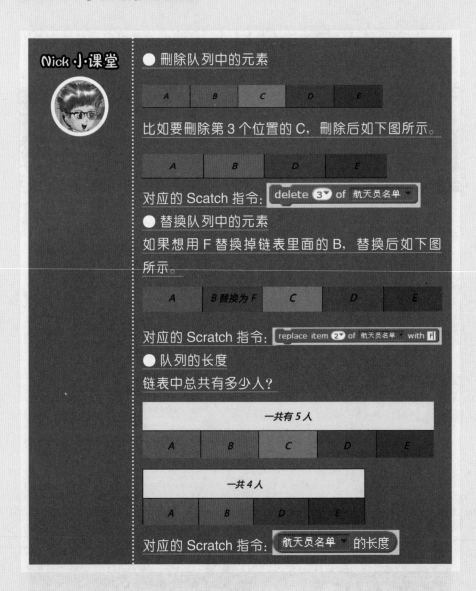

Step3 编写点名代码

1. 添加变量

新建变量"名单顺序"如下图所示,用来记录Nick点到了第几位宇航员,对应的宇航员做出响应,回答"到"。

2. Nick 点名

Nick 从第一位开始依次说出名单中的名字，我们目前有 5 位航天员，那么我们就要通过"重复执行 5 次"来实现，但是如果后面我们增加或删除了名单是不是还要再去数一数，才能知道要重复执行多少次呢？万一忘了修改重复次数那么我们的程序又要有 Bug 了。因此，我们只需要用链表长度替换就可以了，如下图所示。

3. 被点到名者应答

如何点名的时候将消息告诉宇航员呢？对，我们用广播。只需要在每次点名时发出一条广播消息"点名"，如下图所示。

选择宇航员"A"，添加接收到广播的脚本。但是所有宇航员都会收到这个广播，怎么知道是叫的自己呢？这里就要用到我们之前定义的变量"名单顺序"。如果名单顺序与自己在名单中的序号一致时就说"到"，如下图所示。

按此规则将下列脚本添加好，如下图所示。

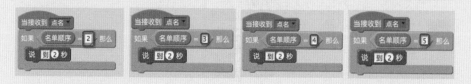

Nick 和 Libra 查看了五人的体能测试、专业考核和实操成绩，相视一笑，看来对这五位候选人相当认可。Nick 和他们交代了任务细节之后，大家着手起飞准备。

本节我们学习了以下内容，你学得怎么样？来给自己标颗星吧！

本节知识点归纳

序号	知识点	学习目的	自我评价
1	认识链表	了解链表的用途，在程序设计中灵活使用	☆☆☆
2	链表操作	熟悉链表的一些常规操作	☆☆☆

课后练习

如果 Nick 点名的时候想从后往前开始点名，那么应该怎么做呢？

课后练习答案：

当　　被点击
说　现在开始点名，收到的请应答 4 秒
将　名单顺序　设定为　航天员名单　的长度
重复执行　航天员名单　的长度　次
　　说　item 名单顺序 of 航天员名单 2 秒
　　广播　点名　并等待
　　将　名单顺序　增加 -1

3.11　太空视频连线

抵达空间站的宇航员们正有条不紊地抓紧最后的时间彻底检查飞船，此时，地面指挥中心与空间站成功连线，指挥中心的大屏幕上出现了浩瀚无垠的太空，而我们的宇航员正对着视频，向地面指挥中心挥手。

> **任务：当我们向宇航员挥手时，他也会挥挥手打招呼。**

温馨提示：本节将会学习如何使用摄像头和麦克风来进行 Scratch 的游戏设计，请准备好摄像头和麦克风。

Step1 准备工作

1. 添加背景

新建项目，删除默认角色小猫。从本地文件中上传背景，选择本节提供的素材"background.jpg"，如下图所示。

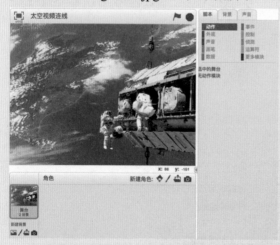

2. 添加角色

新建角色，选择从本地文件中上传角色，打开本节提供的宇航员素材"astronaut.png"。

3. 添加造型

选项卡选择"造型"，为宇航员新建造型，从本地文件中上传造型，打开"astronaut2.png"，如下图所示。

4．角色初始化

选中宇航员角色"astronaut 2.png"，选项卡切换到"脚本"，添加初始化脚本，设置宇航员在舞台上的初始位置，如下图所示。

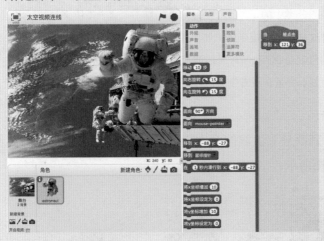

5．启动摄像头

（1）脚本中选择"侦测"分类，会找到"将摄像头开启"模块（打开摄像头），然后拖入脚本区，与初始化脚本拼接，如下图中 1 处所示。

（2）设置视频透明度，不要让摄像头拍摄的图像遮挡了舞台背景，如下图中 2 处所示，透明度里的数字越大，摄像头拍摄的画面显示的越模糊，数字越小越清晰。

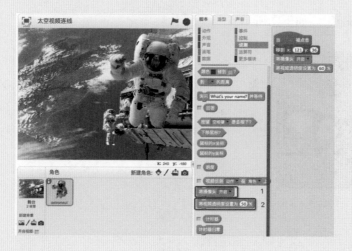

Step2 通过摄像头探测挥手动作并回应

 计算机是怎么知道我们在向宇航员挥手呢？

可通过侦测分类中的 视频侦测 动作 ▾ 在 角色 ▾ 上 这个模块来判断，之前讲解过这是一个系统变量：如果我们对着宇航员保持静止，那么这个变量的值就是 0，我们挥手的幅度越大，这个值就越大（可以尝试在舞台上显示变量，对着宇航员挥手时观察数值的变化）。

1. 侦测是否挥手

通过重复执行，判断只要侦测的值大于 20 我们就认定为再向宇航员挥手，添加脚本如下图所示。

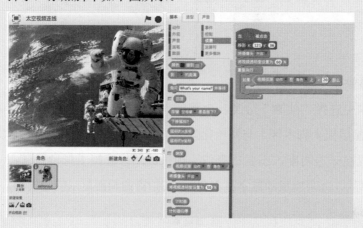

2．对挥手作出回应

（1）选项卡切换到"声音"，新建声音"从声音库中选取声音"，添加"声乐"分类下的"hey"。

（2）选项卡切换回"脚本"，添加脚本"播放声音 hey"。

（3）通过重复执行，切换下一个造型，实现宇航员挥手的效果，如下图所示。

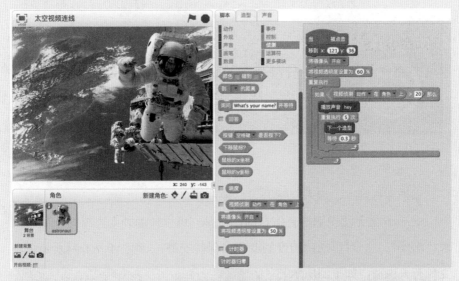

Libra 百科

"光流"

Scratch 2.0 最能引起直观感受的功能莫过于新生的"视频感知"技术，准确来说 Scratch 2.0 的视频感知仅仅是识别画面中物体的灰度变化，它的技术原理来自于"光流法"。

根据光流原理，如果颜色（灰度）相近的物体在舞台中迅速移动，即使速度很快，但由于光流变化很小，也很难被识别，因此在设计练习中应尽量避免这种情况的发生。实践中要自行探究并掌握一些技巧，未必需要懂得"光流"的工作原理，只需要直观的感受视频运动变化的规律。

Step3 发送语音，宇航员听到后回复

如果同时向宇航员挥手并说话，可以同时得到回应吗？

在 Scratch 中程序的脚本是可以同时被执行的，可以将其称之为并行，在专业的编程术语中称之为多线程。

Nick 小·课堂

【多线程】
这里我们简单理解为：一个应用程序同时执行多个任务，一般来说一个任务就是一个线程，而一个应用程序有一个以上的线程我们称之为多线程。

1. 侦测声音

添加并行脚本，加入判断语句，看是否有人发出语音。

Scratch 是无法识别语音信息的，但是它可以侦测到麦克风的音量（模块"响度"），可以通过响度的变化（保持安静，响度 =0）来判断是否麦克风有人说话，如下图所示。

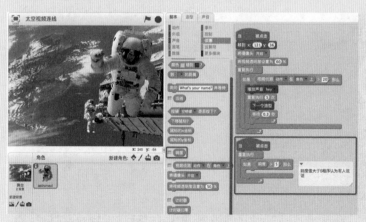

2. 做出语音回复

（1）选项卡切换到"声音"，我们可以录制一段语音。单击新建声音"录制声音"，比如我们想让宇航员说"指挥中心，你好！"

录音完毕，显示如上图所示。可以在下图红框处修改名称，让我们修改为：回答。

（2）切换回脚本选项卡，判断语句中播放我们录制的声音（上一步修改名称为回答），如下图所示。

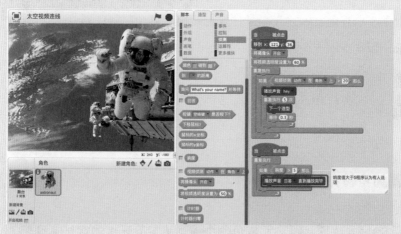

 本节我们学习了以下内容，你学得怎么样？来给自己标颗星吧！

本节知识点归纳

序号	知识点	学习目的	自我评价
1	视频侦测	了解 Scratch 中视频感知的数据的变化规律，掌握技巧，能够设计出更有意思的作品	☆☆☆
2	麦克风侦测	了解 Scratch 与硬件的有趣结合应用	☆☆☆

学习使用帮助（右击模块，选择帮助）了解视频侦测模块其他选项的功能与应用，由于目前帮助还没有完全汉化，小朋友看不懂的话可以通过帮助中的程序示例来学习了解。

3.12 卫星侦测目标

飞船最后的检查工作已经完成，大家都目不转睛地盯着人造卫星实时侦测的数据，一旦陨石到达飞船最佳发射距离后启动拦截计划。

让我们跟着 Nick 一起学习下侦测卫星是如何工作的。

任务：用 Scratch 模拟卫星侦测陨石，当陨石靠近时发出警报。

Step1 添加素材并初始化

1. 添加素材

打开 Scratch 软件，删除默认角色小猫。从本节提供的素材文件中上传背景"background.jpg"。

新建角色，从本节提供的素材文件中添加"earth.png""fireball.png""satellite.png""laptop.svg"，并用鼠标将各个角色移动到如右图所示的位置。

"SVG"

细心的小朋友可能注意到本节的计算机素材文件（laptop.svg）是 svg 格式，SVG 可以算是目前最火热的图像文件格式了，它的英文全称为 Scalable Vector Graphics，意思为可缩放的矢量图形。关于矢量图形我们之前的章节（绘制飞船草图）已经讲过，它有什么特点呢？大家快快回忆一下吧。

2．角色初始化

（1）选中地球角色"earth"，添加初始化脚本如下图所示。

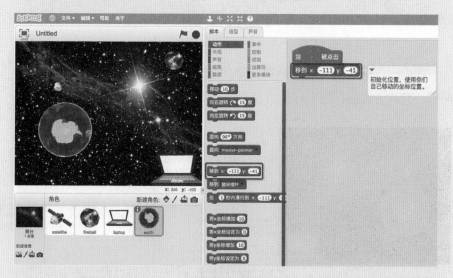

（2）同样的方法，为"satellite""fireball""laptop"添加初始化脚本，设置初始位置。

Step2 让角色动起来

1．地球自转

通过重复执行，让地球不断的向右旋转一个角度即可。为了让地球转得比较慢，我们设置右转的角度是 1，如下图所示。

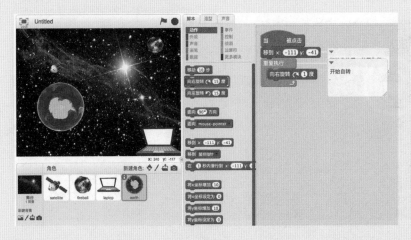

如果你想让地球旋转快一点，可以试着修改那个旋转角度的值看看程序的执行效果。（猜一猜：根据地球自转的知识（参见本节末补充知识点），你知道现在看到的地球中心白色区域是什么地方吗？）

2. 卫星绕着地球转动

想像一下我们绕着一个圆圈走是什么样的场景？是不是一边走，一边向同一侧改变方向，用同样的方法我们让卫星绕圈转动，如下图所示。

按照同样的旋转角度与移动步数，运行后卫星并不能绕着地球边缘转动，会有一些误差。

怎么办？

如果卫星不能围绕地球边缘转动，这时你可以试着修改一下旋转角度和移动步数（改变之后看看有什么变化呢？在移动步数相同的情况下，每次旋转的角度越小，这个圈的半径就越大。如果每次旋转角度相同，移动的步数越大，半径也就越大，同时速度也会加快。）直到围绕地球外侧转动为止。

* 特别说明：这种通过旋转加移动的方式运动的线路并不是标准的圆形，如果想了解如何做真正的圆周运动，需要用到更多的数学知识，感兴趣的小朋友可以学习一下圆的方程，因为这是高中阶段学习的内容，在此我们不做讲解。

Debug

如果停止程序后再次单击绿旗运行，卫星就跑到别的地方去了，与第一次运行的线路不一样了，如下图所示。

分析：卫星初始位置在地球的正上方，要让卫星绕着地球顺时针转动，需要让卫星先面向右侧，然后不断地向右旋转。由于角色在运动过程中不断改变方向，当你停止后再次单击绿旗，卫星回到初始位置，此时卫星的方向已被改变。那么，让它再不停地向右旋转，是不是就跑到别的地方去了，因此每次执行时先要设定卫星的初始方向，如下图所示。

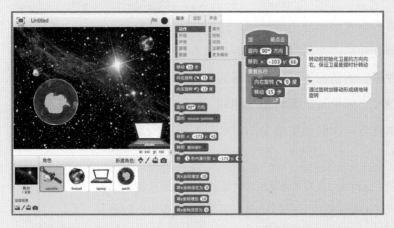

再运行试试吧！

3．陨石向地球靠近

为陨石设置方向，面向地球，然后通过重复执行让陨石不断向前移动，如下图所示。

优化：如果陨石碰到地球，停止移动，我们修改为带条件的重复执行，如果"碰到earth"条件成立，那么重复执行结束，陨石停止移动，如下图所示。

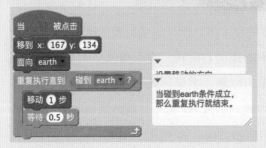

Step3 发出预警信息

1. 卫星侦测距离，发出广播

在卫星脚本里添加判断，如果与陨石的距离小于150，发出广播消息"陨石接近地球"，如下图所示。

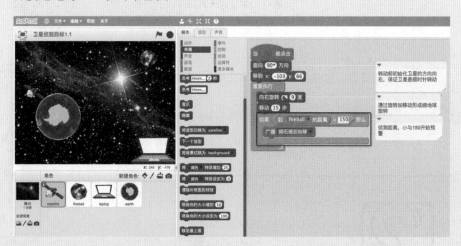

2. 地面计算机接收到广播，发出预警

选中计算机角色"aptop"，添加脚本如下图所示。

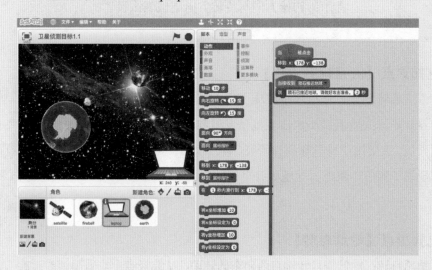

本节我们学习了以下内容，你学得怎么样？来给自己标颗星吧！

本节知识点归纳

序号	知识点	学习目的	自我评价
1	角度旋转	通过角度旋转和移动让角色转起来	☆☆☆
2	距离侦测	了解该模块的用法，学会灵活使用	☆☆☆
3	带条件的重复执行	可替代重复执行内加入判断来结束循环的情况	☆☆☆

课后练习

如果我们让卫星绕着地球逆时针转动，该怎么做呢？试一试。

提示：初始方向与旋转方向应该怎么设置呢？

补充知识点【人造地球卫星】

人造地球卫星：是指环绕地球飞行并在空间轨道运行一圈以上的无人航天器，简称人造卫星。人造卫星是发射数量最多，用途最广，发展最快的航天器。主要用于科学探测和研究、天气预报、土地资源调查、土地利用、区域规划、通信、跟踪、导航等各个领域。

补充知识点【地球自转】

地球自转：地球绕自转轴自西向东的转动，从北极点上空看呈逆时针旋转，从南极点上空看呈顺时针旋转。地球自转是地球的一种重要运动形式，正是由于地球的自转才产生了昼夜更替，自转的周期是一个太阳日即 24 小时。

课后练习答案:

当 被点击
面向 -90▾ 方向
移到 x: -103 y: 66
重复执行
　向左旋转 ↺ 9 度
　移动 15 步
　如果 到 fireball▾ 的距离 < 150 那么
　　广播 陨石接近地球▾

 ## 3.13 发现并击落目标

卫星实时侦测的显示屏上显示着陨石与飞船之间的距离,数字在不断变小,屏幕上的陨石因内部剧烈崩塌像一个熊熊燃烧的大火球,正飞速接近地球,突然屏幕出现红色预警显示已达到最佳发射距离,飞船立即锁定目标,准备发射导弹⋯⋯

【任务】用 Scratch 模拟射击类战斗的场景,击毁陨石。

Step1 添加素材并初始化

1. 添加素材

打开 Scratch 软件,删除默认角色小猫。从本节提供的素材文件中上传背景"space.png"。

新建角色,从本节提供的素材文件中添加""fireball.png"(陨石),"stone.png"(陨石爆炸后的碎块),"spacecraft.png"(飞船),"shotpoint.

png"（准星），"earth.png"（地球），"missile1.png"（能量球），"missile2.
png"（激光弹），如下图所示。

2. 角色初始化

为角色"fireball""spacecraft""earth"设置初始位置，分别如下图所示。

将角色"stone""missile1""missile2"的初始状态设置为隐藏，然
后单击绿旗运行一下，角色各就各位，如下图所示。

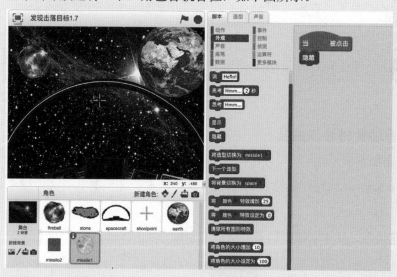

3．让地球转起来

回忆上节知识，通过旋转让地球开始自转，如下图所示。

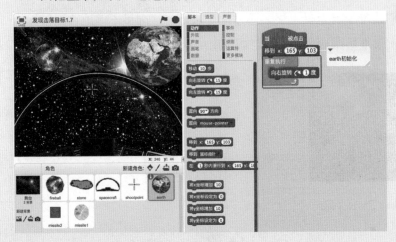

Step2 飞船发射导弹

1．键盘控制飞船转向

通过键盘事件，让角色左右旋转，实现控制飞船左右转向效果。首先单击角色左上角的小"i"，打开角色信息，我们会看到角色方向向右，可以用鼠标转动一下，看看舞台上角色与角度的变化效果，如右图所示。

清楚方向值变化规律后我们为角色添加脚本，如下图所示。当按下左移键向左旋转，但要大于85°，按下右移键向右旋转，但要小于95°。

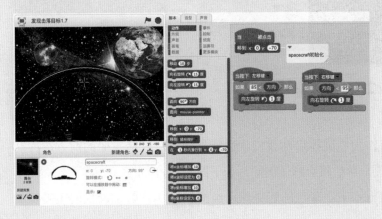

2. 准星跟随鼠标用于瞄准

让准星角色"shootpoint"跟随鼠标移动：为了保证准星不被其他角色遮挡，我们将准星移至最上层。通过重复执行，让准星不停地移到鼠标指针位置，实现准星跟随鼠标效果，如下图所示。

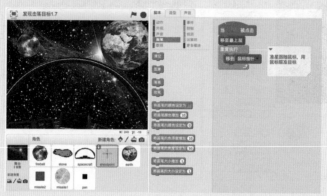

3. 发射导弹

我们有两种武器，"missile1"与"missile2"各自具有不同的威力。先来添加"missile1"的脚本，单击后发射能量球。

（1）选中角色"missile1"，添加脚本，通过重复执行来实现不停地侦测，如果鼠标按键按下，那么就克隆出一个能量球，为了避免连续发射，设置等待 0.5 秒来控制能量球发射的时间间隔，如下图所示。

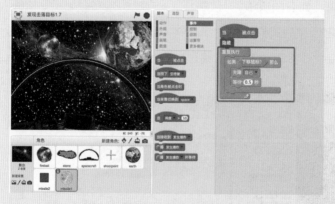

（2）当作为克隆体启动我们就让能量球显示，从飞船的前方，移动到鼠标的位置，然后将克隆体删除，如下图(左)所示。

（3）运行一下，蓝色的能量球已经能够成功发射了，我们还需要加入一个判断，看是否击中了陨石，击中的话就发出一条广播消息"能量球击中目标"，这样后面再收到这个广播的时候就可以做出一些处理，实现被击中的效果，如下图（右）所示。

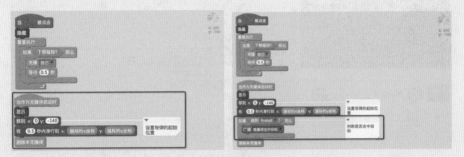

（4）用空格键控制发射激光弹，虽然"missile2"的威力比较大，但是它的速度比较慢。通过复制"missile1"的脚本到"missile2"里（回忆如何进行脚本复制操作），删除之前的初始化脚本并做修改，如下图所示。

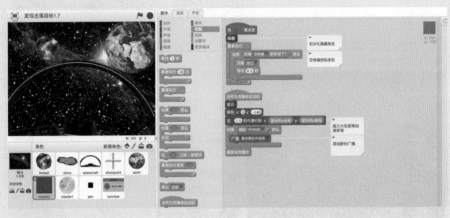

　这里是否可以用事件里的"当按下空格键"来侦测呢？

这个问题非常好，这样做是可以的，不过通过事件侦测不能控制导弹发射的时间间隔，如果我们按着空格键不放，那么就会发出一串导弹出去，与我们的设计不相符。如下图所示，大家可以试一试，对比效果。

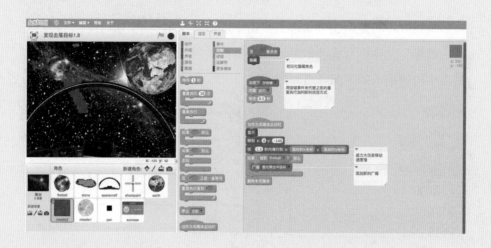

Step3 陨石被击中

1. 让陨石慢慢飞向地球

为"fireball"添加脚本，让陨石飞向地球，如下图所示。

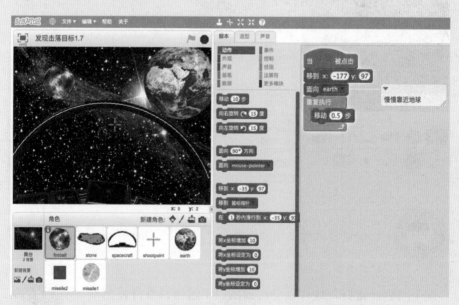

2. 添加陨石被击中的效果

选中角色"fireball"，当接收到被击中的广播后，通过超广角镜头特效，让外观发生一个类似弹坑的变化，如下图所示。

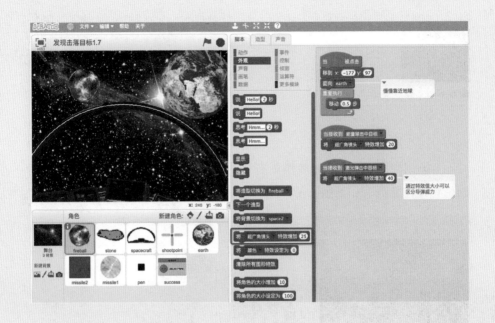

3．为陨石添加血槽效果

思路：在背景上画一个红色矩形，代表陨石的血量，根据导弹的威力不同而丢失不同的血量。新增一个画笔角色，用画笔进行涂抹红色血槽达到减少血量的效果。生命值与血槽血量通过两个变量的计算保持同步。

（1）选中舞台背景，选项卡切换到"背景"，单击"space"，在当前模式下，选择左侧矩形工具，设置为红色填充效果，如下图所示。在舞台的背景上画出一个红色的矩形作为血槽。

（2）单击"绘制新角色"按钮，角色信息中修改角色名称为"pen"，绘制一个黑色方块作为一只画笔，如下图所示。接下来我们通过学习"画笔"功能将血槽的红色从右向左进行涂抹，这样就实现了掉血效果。

（3）把鼠标移到舞台血槽最右端，看看当前坐标值，然后将角色初始位置设在此处，如下图所示。

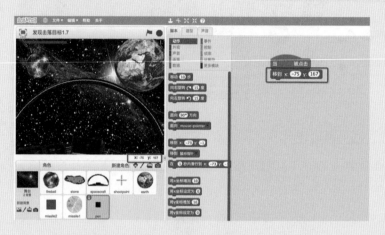

（4）新建两个变量"陨石生命值"，"一个生命值血槽长度"。为了让血槽与陨石生命值同步变化，我们通过计算（一个生命值血槽长度＝血槽的总长度除以生命值。将鼠标移到血槽左右两端，用 x 坐标相减来粗略得到血槽长度值140；陨石生命值我们设置为20）将血槽进行均分，每受到一点伤害，血槽减少一个生命值血槽长度。

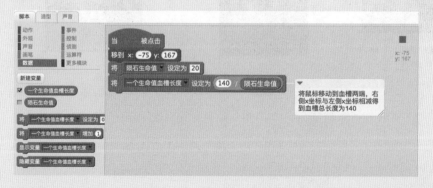

（5）通过虚像特效，将角色"pen"透明处理，设置角色的方向（向左）与画笔颜色，如下图所示，单击颜色方框后移动鼠标拾取一个与背景相近的颜色。

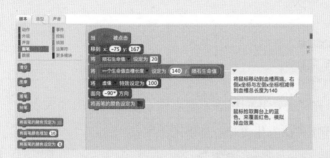

（6）当接收到被击中的广播消息先落笔，这样才能开始画，修改生命值，移动画笔，模拟掉血效果，如下图所示。蓝光与红光导弹我们设置了不同的伤害值，受到 1 点伤害就让生命值增加 –1，画笔就移动 1 乘以一个生命值血槽长度。

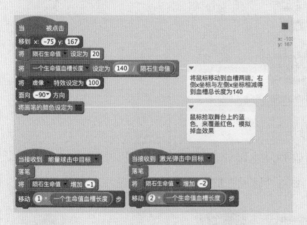

运行试了试发现血槽没有被画笔完全涂抹，覆盖。

这个简单，你设置一下画笔的大小，并调整画笔位置，直到正好遮挡血槽为止。添加一个"清空"指令在每次执行时清除之前绘制的图案，如下图所示。

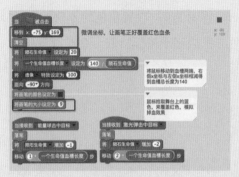

（7）血槽的效果完成了，我们接着需要在陨石遭受攻击后加入一个判断，如果生命值小于1广播发生爆炸，如下图所示。

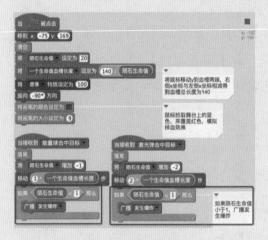

4. 陨石被击毁发生爆炸

为陨石添加脚本，当收到发生爆炸广播，让它隐藏，如下图中红框处所示。并在初始化的时候添加"显示"脚本，可以再测试一下看看效果。

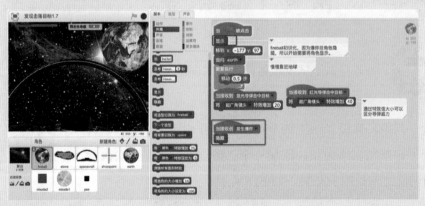

Step4 陨石爆炸

思路：当接收到发生爆炸广播后，通过重复执行，克隆多个"stone"角色，然后让克隆体移动到陨石的位置，向四面八方飞出去，形成陨石碎块的效果。

1. 克隆角色

选中角色"stone"，添加脚本，当接收到发生爆炸广播消息后重复执行 20 次克隆自己，如下图所示。

2. 克隆体随机移动，空中散开

当作为克隆体启动时，移动到陨石的位置，显示。克隆体的大小设置为一个随机值，这样陨石碎块才有大小不同的样子。

让克隆体面向一个随机方向，然后向前移动，实现爆炸散开的效果，如下图所示。

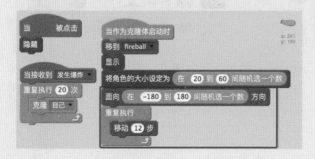

运行一下，发现散开点石头都堆积到了舞台的边缘，加入一个判断，如果克隆体移动的过程中碰到了舞台边缘，将克隆体删除，如下图所示。

Step5 程序优化完善

1．功能优化

（1）新建角色，从本节提供的素材中打开"success"，并添加造型"fail"。如下图所示，后面用于显示任务成功或失败。

（2）初始化角色"success"，移动到舞台中央，先隐藏如下图所示。

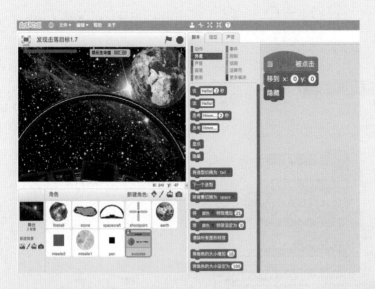

（3）选中角色"fireball"，为陨石添加脚本，如果陨石碰到地球，广播"拦截失败"，如下图所示。

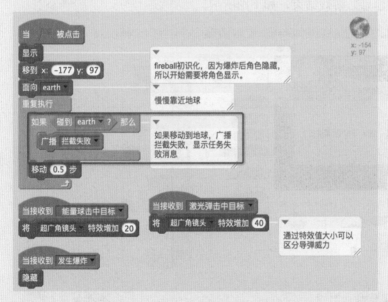

（4）修改角色"pen"脚本，如果陨石生命值小与1，将"广播发生爆炸"改为"广播发生爆炸并等待"目的在于让爆炸的效果展示完毕，再通过广播提示"拦截成功"，脚本如下图所示。

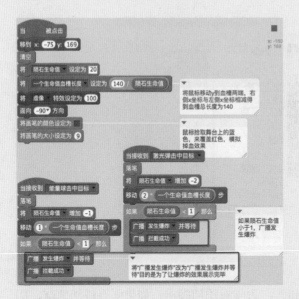

（5）为角色"success"添加脚本，在接收到拦截成功或失败的时候显示对应的信息，游戏结束，如下图所示。

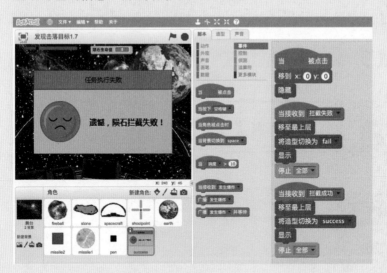

2．效果优化

（1）选中角色"missile1"，切换到"声音"选项卡，从本地中文件上传声音，打开"laser.wav"。然后切换到"脚本"选项卡，在按下鼠标时播放声音，如下图所示。

（2）同样的方式给角色"missile2"添加声音"laser.wav"，在按下空格键时播放声音。

（3）选中角色"fireball"，上传本地的声音文件"detonation.wav"，当接收到发生爆炸的广播后播放声音，如下图所示。

wow！真酷！

这应该是我们目前写的代码最多的一节内容了。再来看看我们的程序，有没有发现有些角色的部分脚本都是一样的？比如角色"pen"，在接收到导弹击中广播后的处理模块完全一样，唯一区别就在于两种导弹的伤害值不一样，如下图所示。我们有没有方法优化一下呢？让重复的功能块只写一次就好了。

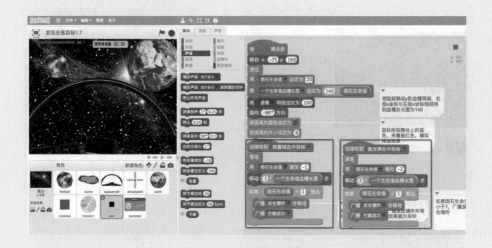

Nick · 小课堂

【过程、参数】

过程（procedure）：在广义上理解为具有具体功能的一个模块（一般没有返回值），在过程实现后，通过对过程的调用来使用这个功能，有些编程语言中由于没有严格的区分也可以称之为函数（function）。

在 Scratch 2.0 中可以自定义自己的功能模块，它不带返回值，也就相当于我们讲的过程。它只能在创建它的舞台或角色中使用，不能在不同的角色中共享。通过自定义功能模块可以使我们的程序更简洁，修改更方便。

参数：在自定义功能块里如果要用到不同的数值，而这个值是由调用它的模块传入的，这个值将其称为参数。

我们可以通过一个简单的实例来体会一下，如下图所示。定义一个过程"说话"，带有一个参数"内容"，在调用时，通过改变参数的值，小猫就会说出不同的内容了，试一试。

3．程序优化

定义一个过程"受到伤害"，来简化我们的程序。

（1）选择"更多模块"命令，单击"新建功能块"按钮，如下图（左）所示。

（2）在紫色的方框中输入过程名称"受到伤害"，单击选项添加一个数字参数并输入参数名称"伤害值"按钮，如下图（右）所示。

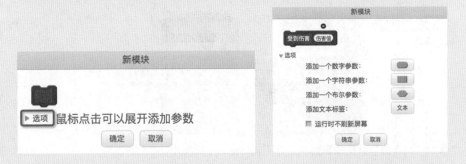

（3）单击"确定"按钮，这个过程就定义完成了。在脚本区会自动出现一个紫色自定义模块，如下图所示。

（4）将"当接收到能量球击中目标"广播下的脚本移动我们自定义的过程下面，如下图所示。

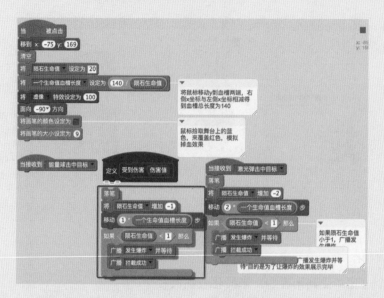

（5）在能量球击中目标的广播下调用这个自定义的过程，因为能量球的伤害值是 1，所以调用的时候就将 1 作为参数"伤害值"传入过程，如下图（左）所示。修改一下自定义过程，将里面的数字用参数替代，这样调用时传入的参数才能生效，如下图（右）所示。

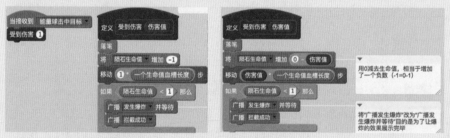

* 参数"伤害值"直接用鼠标从上方定义处拖到下面使用。

（6）把"当接收到激光弹击中目标"下方的脚本删除，只需调用定义的过程并填写伤害值 2 就可以了，如下图所示。

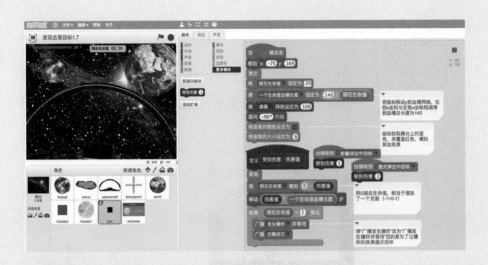

 学会了，我准备给飞船再增加几种武器，这样调用起来就方便多了。

只见各种弹头一颗颗的向陨石射去，陨石面朝飞船的一侧被炸出一个个巨大的弹坑，陨石快要爆炸了……

 本节我们学习了以下内容，你学得怎么样？来给自己标颗星吧！

本节知识点归纳

序号	知识点	学习目的	自我评价
1	画笔	初步学习使用画笔模块进行绘制	☆☆☆
2	血槽的实现	可以通过多种方式来模拟血槽，鼓励大家在遇到问题时多角度去思考，在没有直接办法时通过间接的方式来达到目标	☆☆☆
3	自定义功能块	学习并掌握自定义功能块（过程）的定义与使用	☆☆☆

课后练习

我们的程序发现还有可以优化的地方，如下图所示，你能用本节学到的知识，新建功能块（过程）来继续优化一下吗？

课后练习答案：

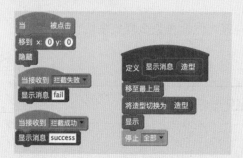

3.14 烟花庆祝

由于连锁的爆炸反应，被炸出巨大弹坑的陨石突然发出刺目的光芒，随后自爆……宇宙前沿基地控制中心则陷入一片寂静，突然大屏幕上显示"任务成功"。随之爆发震耳欲聋的欢呼声，与此同时"砰"宇宙前沿基地控制中心的上空烟花绽放，为了地球又一次幸运地解除危机而庆祝。

 任务：通过程序绘制出五彩的烟花。

Step1 准备工作

添加角色，并初始化

新建项目，删除默认角色小猫，从本节提供的素材文件中打开"fireworks"和"stars"。

初始化角色"fireworks"，设定初始位置，移动到舞台正中央，如下图所示。

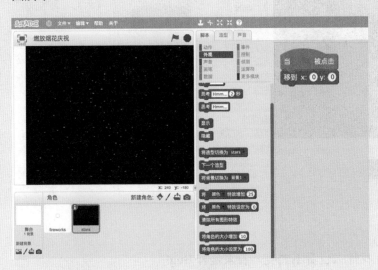

单击绿旗运行，完成角色移动。

Step2 实现烟花发射升空

1. 定义生成烟花的过程

（1）选中角色"fireworks"，先新建一个功能模块"生成一支烟花"，以便我们后面随时调用该过程，如下图所示。

（2）在过程中添加脚本实现烟花升空，当单击绿旗是调用过程"生成一支烟花"，如下图所示，运行测试。

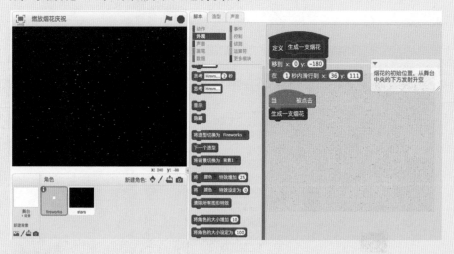

 我什么也看不到呢，看来是有 Bug!

Debug

（1）检查"fireworks"是不是被隐藏了？我们检查一下角色信息，发现是显示状态，如下图所示。

（2）是不是角色"stars"将"fireworks"给遮挡住了，我们试着将"stars"下移 1 层，添加脚本如下图所示，在运行看看，发现问题解决。

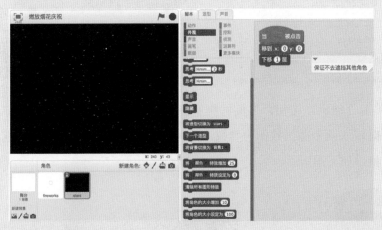

2. 让烟花飞向空中不同位置

我们修改一下过程"生成一支烟花"，增加两个参数"x 坐标""y 坐标"，通过传入不同的参数值实现移动到不同位置。

（1）在更多模块中右击我们之前新建的功能块，选择编辑，如下图所示。

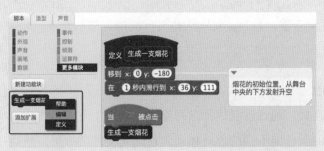

（2）在下图中点开"选项"（标记 1 所示），单击"添加一个数字参数"（标记 2 所示）两次，然后编辑参数名（标记 3 所示）将"number1"改为"x坐标"，"number2"改为"y坐标"。

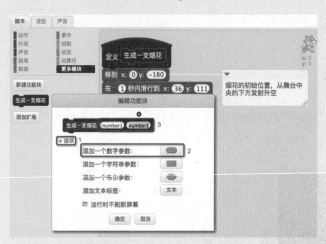

（3）单击"确定"按钮，之前的脚本自动发生了变化。修改脚本，在调用过程时传入两个随机数作为参数，并将过程中之前设置的坐标用我们的参数替换，如下图所示。

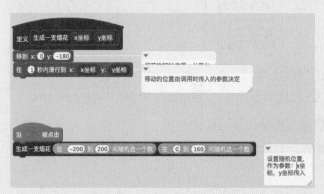

（4）运行测试几次看看，是不是每次烟花飞行的位置都不同了。

Step3 实现烟花绽放

当烟花飞行到最高处，通过重复执行进行克隆，让每个克隆体作为一支画笔，并设置不同的颜色向不同的方向移动实现烟花绽放的效果，然后通过判断克隆体的方向，控制让烟花向下方落下。

1. 克隆烟花角色

编辑角色 "fireworks" 的脚本，在过程中添加重复执行，克隆自己，如下图所示。

2. 烟花随机散开

（1）添加脚本，当作为克隆体启动的时候，脚本选项卡中打开 "画笔" 分类，首先执行 "落笔" 这样才能开始绘图，然后为画笔设置颜色与方向。颜色与方向的值都设置为一个随机数，Scratch 中方向的取值范围在 –180° 到 180°。

（2）让克隆体不断地移动，绘制出五彩的线条，脚本如下图所示。

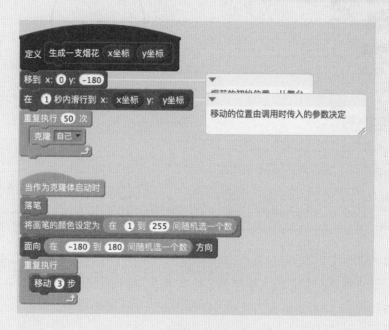

（3）我们运行测试一下，我们看到了烟花向四面八方散开，但是没有看到绘制出的五彩线条，那是因为画笔绘图是在舞台上的，所以我们将"stars"角色隐藏，然后再运行看看，结果如下图所示。

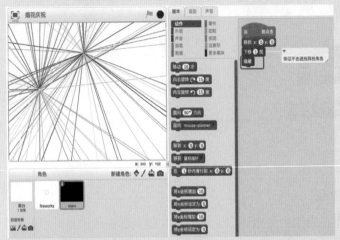

（4）优化烟花脚本，让烟花绽开后不断调整方向，实现向下方移动，并在生成烟花前将之前绘制的图案清空，如下图（左）所示。

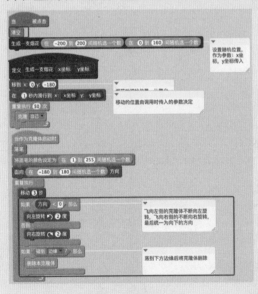

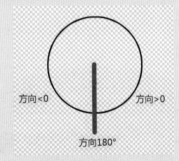

如上图所示：方向值小于0向左旋转，大于0向右旋转，这样实现向下移动。

3. 烟花从夜空中消失

运行一下，可以看到烟花的大体样子已经出来了，如下图所示。都说"烟花虽美，转瞬即逝"，接下来我们要实现让烟花渐渐消失在夜空中。

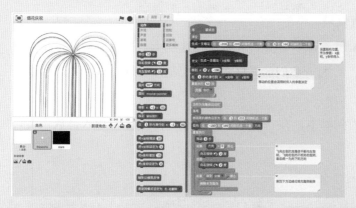

我们选择 "stars" 角色，添加脚本，设置角色的虚像特效为 90，让它近乎透明。然后通过 "画笔" 分类中的 "图章" 工具，不断复制半透明的角色进行堆叠。这样画笔一边画，图章复制的角色一边遮挡，我们就只能看到画笔最近绘制的图案，而更早的就被多层堆叠后给遮挡住了，就实现了我们想要的效果，具体脚本如下图所示。

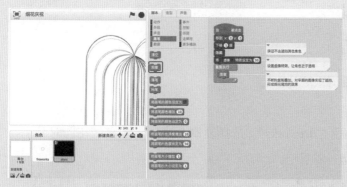

再运行一下看看，现在是不是已经很接近我们期望的效果了，如下图（左）所示，是我们发现烟花散开后中心的 "fireworks" 角色还在。稍作改进，在生成烟花指令后将角色隐藏，并在之前让其显示如下图（右）所示。

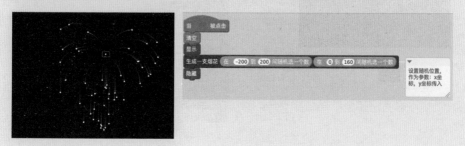

4．加入声音效果

（1）当前角色，脚本切换到"声音"选项卡，新建声音，"从本地文件中上传声音"，打开我们的素材文件"烟花升空声音.wav"，"烟花爆炸声音.wav"。

（2）再切换到脚本，在"生成一支烟花"的过程中加入播放声音，如下图所示。

5．漫天烟花不断绽放

（1）通过重复执行，不断地调用"生成一支烟花"过程，如下图所示，实现烟花不断的升空。

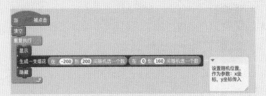

（2）右击角色"fireworks"，选择复制，来实现多支烟花同时升空。如下图所示，再运行看看吧。

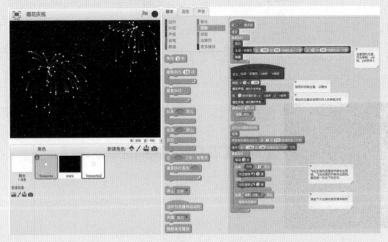

Nick 和 Libra 的探险故事迎来了 Happy Ending，充满冒险精神的他们下次会经历什么惊险刺激的旅程呢？让我们一起期待吧！

本节我们学习了以下内容，你学得怎么样？来给自己标颗星吧！

本节知识点归纳

序号	知识点	学习目的	自我评价
1	画笔	进一步熟悉画笔指令模块的功能与使用	☆☆☆
2	过程的使用	进一步巩固理解过程的修改与使用	☆☆☆
3	巧妙使用虚像与图章	测试并观察虚像与图章是如何实现不断遮挡效果的	☆☆☆
4	方向与数值	巩固理解角色方向与对应数值的关系	☆☆☆

课后练习

在本节定义过程中，我们通过传入的"x 坐标"和"y 坐标"实现烟花的不同位置，你能否通过增加一个参数（克隆体个数）来实现烟花绽开后不同的效果？

课后练习答案：

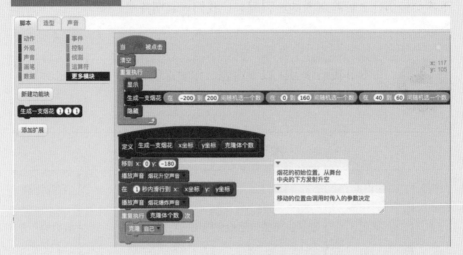

第 4 章
编程大作战

　　通过前面章节的学习，我们对 Scratch 编程的概念和主要指令模块有了较全面的认识，Scratch 编程倡导的是锻炼独立思维的过程，同一个需求任务可能每个人编程的思路和方法是不同的，建议大家在学习过程中取长补短，不断练习以巩固学过的知识。为了鼓励原创思维模式，也是对大家的学习成果综合应用的检验，中国少儿编程网会不定期推出挑战编程任务，我们会组织老师对挑战编程任务的作品进行点评，提出意见建议，帮助大家进一步提高，期待你的积极参与！

🐱 4.1 如何 Debug

Scratch 是一个简单的图形化编程工具，7 岁以上的孩子就能够操作和使用。但在实际编程中，会遇到与其他编程语言一样的各种各样 Bug。那么有哪些方法来尽量避免设计中的 Bug？又有什么好的方法，在我们发现程序出现 Bug 的时候能够快速、准确地找到他们，并且修复问题呢？

1。如何尽量避免 bug？

思路清晰

在设计代码模块的时候，都应当理清自己的思路，用简洁的方式来实现想要的功能，或者使用模块化的方法来进行制作。无论是记忆还是绘制设计图，都是为了记录设计思路，本书所讲的流程图就是一个非常好的工具。

模块简洁

一个程序序列当中，条件分支不宜过多。尽量通过分析，将条件重新组合，以更加简便的方式来实现。同时，循环嵌套也同样需要通过优化方案来尽量减少嵌套的层次数量。

功能独立

在程序中有些功能模块会多次重复使用，为了实现可重用性和扩展性，建议写成独立的过程（比如新建功能块），定义好相关的参数由外部程序调用即可。

善用变量

将常用数据通过变量或链表进行存储，方便统一修改和使用，减少出错概率。

功能拆分

将一个复杂的功能拆分为多个小功能任务，分步骤进行制作，并且对每一个分段制作的功能进行测试，保证分段制作的小功能无误。

及时测试

在每一次修改或者完成一小部分的制作后，要及时进行测试，对测试中产生的问题及时修改。不要将所有的功能都实现以后再去测试，这样的话错误留到最后才被发现，就很难定位错误的具体位置。

书写注释

注释可以帮助理解程序设计，也便于其他人读懂程序，在编程过程中减少出错概率。

哦，我明白了如何避免 Bug，可是当我们遇到问题时该如何找到 Bug 呢？

2．如何定位 bug？

分析类型

判断程序的错误是逻辑错误（需要重新梳理思路）还是数据的运算错误？如果能够通过简单的判断来找出错误类型，那么对于我们定位问题的位置就会有很大的帮助。

定位方法

根据程序的设计来寻找错误可能存在的位置。在这其中有很多的方法来帮助我们准确的找到错误位置。

（1）分解定位

将怀疑存在错误的指令序列进行拆分，进行分步运行，看看哪一个步骤在运行时出现的错误，逐步缩小拆分的范围，来确定错误位置。Scratch 拆分后的指令可以通过鼠标单击直接执行。

（2）巧用对话模块

当程序分支比较多的时候我们无法确定执行到哪里，或者说我们希望执行的模块有没有被执行时，可以在该模块前插入对话模块。比如，不同的分支说不同的内容，运行看看说的什么内容，就容易定位了。

（3）变量定位法

与使用对话模块类似，但是变量有个好处就是方便计数。比如，想知道某个重复执行模块执行的次数是否跟预期的一致时，可以在重复模块内放一个变量，让变量从 0 累加，看这个变量的最终数值是否跟我们想的一样。

（4）放大现象法

有时候出现的错误并不明显，不能准确的分析出错误原因，那么这个时候我们就可以想办法通过重复操作，或者试着修改程序，来放大错误现象，比如将某个参数值设置的非常大或者非常小来看看运行结果，帮助我们定位具体的出错原因和位置。

特殊 bug

程序执行的速度往往被新手们忽略，从而出现一些表面上很难发现的 bug。比如，右图中的脚本实例（来源自本站学员），单击绿旗程序很快就执行结束了，程序是无法侦测到按键按下操作的，也就无法实现控制角色移动。因此这类操作要合理使用循环，或者插入等待模块减缓程序执行速度。

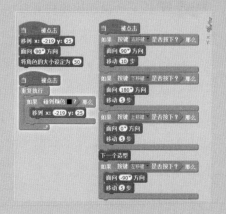

3．如何处理 bug？

（1）优先处理最简单、最明显的 Bug。

（2）逐个解决，多次测试。每次修改指令或者数据后务必进行测试，查看错误是否被修正，或现象是否有好转，逐步解决错误。

（3）将遇到过的 Bug 都记录下来，这样便于在以后的学习创作过程中避免该类问题再次发生或者快速解决同类 Bug。

（4）掩盖错误，尽管这是一个十分不推荐的方法，但是当我们遇到短时间内用了无法解决的问题时，我们可以通过使用其他指令或转换思路的方法，来修正错误的现象。

（5）寻求帮助，加入ScratchQQ群或其他交流群去寻求他人指导与帮助。不过有个前提是需要能够清晰的表达自己所遇到的问题，这样会事半功倍。

作为一个学习编程的小小程序员，最大的快乐我认为有两件事：

一是能够成功做出符合自己心意的作品，得到他人的赞许；

二是困扰已久的 Bug 通过自己学习思考，经过重重困难最终被解决；

这种成就感，我想是无法用文字表达的。Bug 就是我们的朋友，不要畏惧它、躲避它，就如同我们生活中遇到的各种困难，迎难而上，努力攻克，终将一步步接近成功！

4.2　多角度转换思维

先给大家讲个小故事。相传古时在远方发现一座金山，人们蜂拥而去，不料途中却被一条大河挡住了去路。

人们的第一思维自然是如何渡河。然而，河水湍急，又地处偏僻，尽管急于渡河的人们绞尽脑汁，还是纷纷失败了。但在巨大利益诱惑之下，总有人连命都在所不惜，何况区区一道河流？人们还是陆续地从四面八方日夜兼程地奔来，然而只能徘徊河畔，望波兴叹。日复一日，络绎不绝。

就在这一片叹息声中，有一个人却悄然改变了自己的思维，果断地放弃了淘金念头，退而造船，干起了摆渡的营生。一批批淘金人坐着他的船过河去了，去寻找那渺茫的金山。几年之后，成千上万的淘金者不是铩羽而归，就是命丧黄泉，只有这个摆渡的人成就了自己的事业。

其实转换思维应用非常广泛，编程中也是如此：我们来看一个编程中的思维转换的实例（感谢案例提供者：盘锦—天天向上，本例可能与原版有所差异）。

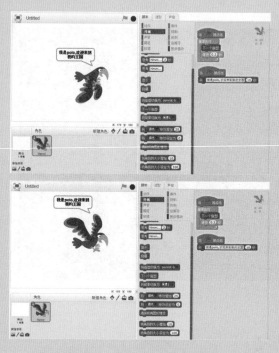

问题描述

如上图所示，小鸟在扇动翅膀过程中说话框不停地跳动闪烁，无法看清说话的内容。

问题分析

小鸟扇动翅膀（即造型切换）的过程中，说话框的位置一直在发生变化，对比一下上面左右两张图说话框的位置，因此会出现闪烁现象。

解决问题

如果我们一直想办法从小鸟的这个角色身上去解决，发现处理起来会比较困难，那么我们可以尝试换一种思路。比如我们新增一个角色，绘制一个白色的小点，让该角色跟随小鸟并负责说话，这样是不是很简单的就把问题解决了，如下图所示。

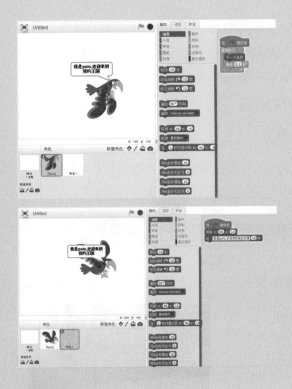

明白了，毕竟我们有时间想用 Scratch 实现一个功能时软件本身无法达到我们满意的效果，此时就需要用这种方式来想一想能不能行呢？

4.3 编程大作战

很多小朋友经过一段时间的学习后，往往在脱离了教程或者引导的情况下就不知道如何继续，往往因此而放弃。

为了提高小朋友们的创造力，帮助大家找到持续学习的目标与动力，中国少儿编程网 (www.kidscode.cn) 会不定期推出一些编程小任务，同时会根据任务的难易给出一定的指导与不同级别的

挑战目标，既适合新入门的孩子进行学习，也适合有基础的孩子挑战高难度。完成的作品可以通过登录网站会员中心进行发布，由少儿编程网的专家老师做出评定并提供修改建议。鼓励原创，家长可以指导孩子们一起完成，希望看到小朋友们不一样的作品！

 下面，带大家一起看看往期编程大挑战的任务吧。

往期编程大作战任务摘选

⭐相约去学校　　　难度系数☆☆　　　　　　　优秀作品

任务描述

学生角色 R1 和 R2 同住一个小区，在小区门口相遇，R1 对 R2 说："我们一起上学吧？"停顿几秒，R2 答："好的！"随后他们一起走，同时播放一段音乐。背景切换到校园门口，他们遇到了老师……

知识点

对话场景、背景切换、判断语句等。

指挥官：大白兔

⭐护送好友回家　　　难度系数☆☆☆　　　　　　优秀作品

任务描述

最近你的好朋友放学回家，一直感觉被人跟踪，作为特战队队员你负责用 Scratch 编写一段代码输入给机器人，让他每天护送你的好朋友回家。

知识点

背景切换、侦测、循环、判断等。

指挥官：COCO

✪外星人图腾　　　难度系数☆☆☆　　　　优秀作品

指挥官：RAX

任务描述

一天，机缘巧合你突然穿越到地外文明的世界，经历了一系列古怪离奇的际遇之后，好不容易才回到地球，用 Scratch 的画图功能将"外星人图腾"画出来给大家看一看。

知识点

对话场景、背景切换、判断语句等。

✪快乐六一　寻找礼物　　　难度系数☆☆☆　　　　优秀作品

指挥官：小白羊

任务描述

六一儿童节快要到了，小明与小熊一拍即合，相约去寻找属于自己的节日礼物。他们一起进入了气球广场，通过用锤子砸气球的方式，随机获取属于自己的节日礼物。当礼物终于出现，他们彻底被浓浓的暖意所包围！

知识点

模仿学习或者自由创作。

✪电梯挑战　　　难度系数☆☆☆☆☆　　　　优秀作品

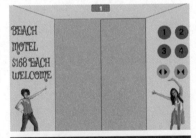

指挥官：舒克

任务描述

电梯在我们的生活中无处不在，起着非常重要的作用，对于小朋友们来说，电梯偶尔也是一个十分好玩的玩具，使用 Scratch 来模拟一部电梯的运行。

知识点

通过我们的课程学习，根据自己的能力实现不同的效果，是一个综合能力很强的挑战任务。

✪算法大挑战　　难度系数☆☆☆☆　　　　　　优秀作品

任务描述

用 Scratch 实现随意输入一个整数，要求能够计算出小于这个数的所有 4 的倍数的和并记录运算时间，比的就是计算速度。

知识点

掌握理解重复执行的使用，重点在于去发现题目规律，通过观察与思考去得到更高效的方法来解决问题。

整数 4444　　结果 2470664　　时间 0.006

指挥官：大猫

✪迎接春姑娘　　难度系数☆☆☆☆　　　　　　优秀作品

任务描述

太阳公公交给蝴蝶一封信，并告诉蝴蝶："一定要把信交给春姑娘！"蝴蝶点点头。蝴蝶飞呀飞，脸上挂满了汗珠。她听说春姑娘就在最美丽的地方，你需要装扮好自己的花园，跟蝴蝶一起迎接春姑娘的到来把信交给她。

知识点

观察身边的事物，将生活的点滴融入我们的学习创作中。

指挥官：大猫

第 5 章
Scratch 与硬件

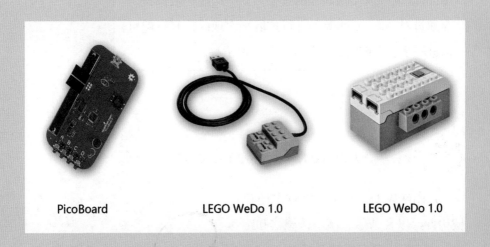

PicoBoard　　　　　LEGO WeDo 1.0　　　　　LEGO WeDo 1.0

　　Scratch 作为一个开源的软件，除了可以将视频、音频等多媒体信息及生活中常用的信息技术融入程序设计之外，还可以通过一些接口（串口或 USB 口）对硬件进行控制。

我知道 Scratch 程序可以跟实体积木、传感器、数码管、LED 灯、马达电动机、电阻电容、蜂鸣器、蓝牙设备等硬件进行通信。

那我给你简单介绍下 Scratch 与实体乐高积木（LEGO WEDO2.0）及传感板（PicoBoard）的应用吧。

对小朋友来说，Scratch 和 WeDo 结合入门的话，会比较简单有趣，只需要将注意力集中在创意、机械结构和编程上就可以了。

Arduino 也可以实现同样的效果，该类产品一般都是厂商通过对 Scratch 的源码进行扩展来实现的，有兴趣可以进一步去查询相关资料，进行学习了解。

 ## 5.1　Scratch 与 WeDo2.0

　　LEGO WeDo 本身有比较多的机械构件，以及马达、倾斜传感器和距离/运动传感器，当控制板与 Scratch 连接成功后，就能够检测到倾斜传感器和距离传感器的数值，所以你可以使用它来建构自己的交互式机器。也可以将 Scratch 模块与 LEGO WeDo 交互运用，并在屏幕上添加动画。

　　1. 准备工作

　　（1）从 Scratch 官网（https://scratch.mit.edu/wedo）下载并安装装置管理器，目前支持 Win10+、Mac OSX 如下图所示。

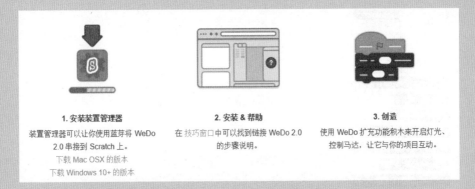

1. 安装装置管理器

装置管理器可以让你使用蓝芽将 WeDo 2.0 串接到 Scratch 上。
下载 Mac OSX 的版本
下载 Windows 10+ 的版本

2. 安装 & 帮助

在 技巧窗口 中可以找到链接 WeDo 2.0 的步骤说明。

3. 创造

使用 WeDo 扩充功能积木来开启灯光、控制马达，让它与你的项目互动。

（2）开启计算机上的蓝牙与 WeDo 完成配对。

（3）打开装置管理器与 Scratch 2.0。

2．添加 WeDo 指令积木

在"更多模块"中单击"添加扩展"命令，如下图所示。

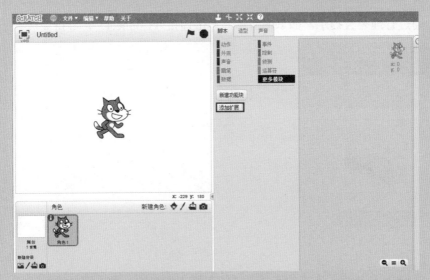

选择 LEGO WeDo2.0 如下图所示，单击"确定"按钮，完成添加。

Extension Library

分类
全部
硬件

PicoBoard　　　LEGO WeDo 1.0　　　LEGO WeDo 2.0

安装完成显示 LEGO WeDo 指令模块，如下图所示。

3. 与 Scratch 连接

通过管理装置提示，如下图所示，单击连接（Connect），等待完成。

Scratch 与 WeDo 连接状态是通过状态灯来指示的，如上图红框标注所示。Scratch 2.0 已经在软件内预装了驱动，因此无须单独安装驱动程序。

状态灯	说明
LEGO WeDo 2.0 ▼ ———— ●	红灯：未安装驱动
LEGO WeDo 2.0 ▼ ———— ○	黄灯：已安装驱动，但未检测到 WeDo 设备
LEGO WeDo 2.0 ▼ ———— ●	绿灯：已安装驱动并与 WeDo 正确连接

4．简单示例，如下图所示。

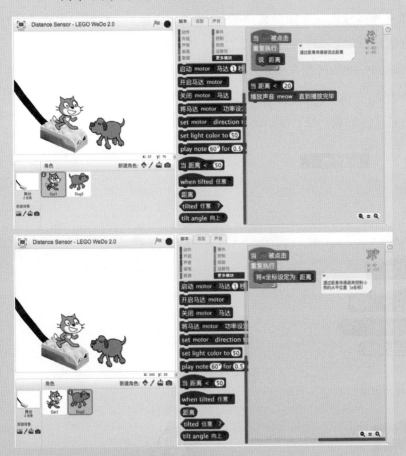

🐹 5.2　Scratch 与 PicoBoard

　　Scratch 传感器板（PicoBoard），是一款专门为教育工作者和初学者创建与各种传感器交互而开发的传感器交互板，可以配合 Scratch 软件使用，与 Scratch 互动做出更加生动有趣的动画项目，是  STEAM 教育创新论坛的推荐产品。使用 Scratch 编程语言，可以根据输入的传感器轻松地创建简单的交互式程序。PicoBoard 集成了光线传感器、声音传感器、按钮和滑杆，同时带有 4 路额外的模拟输入端口，可以通过专用鳄鱼夹连接线测试电阻类传感器，PicoBoard 是一个很好的方式进入编程的基础知识和阅读传感器。

1. 添加 PicoBoard 指令模块

操作方法与 WeDo 一样，添加后的指令模块如下图所示。同样的也是通过指示灯（红、黄、绿）显示是否与 PicoBoard 连接成功。

2. 简单示例

程序对于硬件设备或者机器人来说它就是灵魂，如同我们的大脑。因此编程知识是基础，学好了基础你才会做出更多有创意的应用，让机器为你服务而不是让你成为机器的用户。

附录　指令速查表

动作：角色运动相关，移动、反弹、旋转、方向设置，坐标位置等指令模块。

中文模块名称 动作	对应的英文模块名称 Motion	含义
移动 10 步	move 10 steps	向前移动 10 步
向右旋转 ↻ 15 度	turn ↻ 15 degrees	向右旋转 15°
向左旋转 ↺ 15 度	turn ↺ 15 degrees	向左旋转 15°
面向 90° 方向 (90) 向右 (-90) 向左 (0) 向上 (180) 下移	point in direction 90° (90) right (-90) left (0) up (180) down	面向（90）右、（-90）左、（0）上、（180）下。也可自行设置面向角度，例如：30°
面向 鼠标指针	point towards mouse-pointer	可选择面向鼠标指针或角色的位置
移到 x: 0 y: 0	go to x: 0 y: 0	移动角色到坐标（xy）
移到 鼠标指针 鼠标指针 random position	go to mouse-pointer mouse-pointer random position	可选择移到鼠标指针、角色或随机位置
在 1 秒内滑行到 x: 0 y: 0	glide 1 secs to x: 0 y: 0	在规定的时间内移动到坐标（xy）位置
将x坐标增加 10	change x by 10	将 X 坐标增加 10 或者任意数值（正数向右移，负数向左移）
将x坐标设定为 0	set x to 0	设定 X 坐标即水平位置
将y坐标增加 10	change y by 10	将 Y 的坐标改变 10 或者任意数值（正数向上移，负数向下移）
将y坐标设定为 0	set y to 0	设定 Y 坐标即垂直位置

续表

中文模块名称 动作	对应的英文模块名称 Motion	含义
碰到边缘就反弹	if on edge, bounce	碰到舞台边缘自动反弹
将旋转模式设定为 左-右转 左-右翻转 不旋转 任意	set rotation style left-right left-right don't rotate all around	将旋转模式设定为左右翻转、不翻转或任意（比如头朝下）
x坐标	x position	当前角色的 X 坐标值
y坐标	y position	当前角色的 Y 坐标值
方向	direction	当前角色的方向

外观：列举角色的语言和思考、显示与隐藏、背景及造型的切换、特效设定及图层等操作模块。

中文模块名称 外观	对应的英文模块名称 Looks	含义
说 Hello! 2 秒	say Hello! for 2 secs	说"Hello！"持续 2 秒
说 Hello!	say Hello!	说"Hello！"
思考 Hmm... 2 秒	think Hmm... for 2 secs	思考"Hmm……"持续 2 秒
思考 Hmm...	think Hmm...	思考"Hmm……"
显示	show	显示角色
隐藏	hide	隐藏角色
将造型切换为 造型2	switch costume to 造型2	切换造型，通过选择进行指定
下一个造型	next costume	切换为下一个造型

续表

中文模块名称 外观	对应的英文模块名称 Looks	含义
将背景切换为 背景1 / 背景1 / 下一个背景 / 上一个背景	switch backdrop to 背景1 / 背景1 / next backdrop / previous backdrop	切换背景，通过选择进行指定
将 颜色 特效增加 25 / 颜色 / 超广角镜头 / 旋转 / 像素化 / 马赛克 / 亮度 / 虚像	change color effect by 25 / color / fisheye / whirl / pixelate / mosaic / brightness / ghost	将颜色、超广镜头、旋转、像素化、马赛克、亮度、虚像特效增加25或任意数值
将 颜色 特效设定为 0 / 颜色 / 超广角镜头 / 旋转 / 像素化 / 马赛克 / 亮度 / 虚像	set color effect to 0 / color / fisheye / whirl / pixelate / mosaic / brightness / ghost	将颜色、超广镜头、旋转、像素化、马赛克、亮度、虚像特效设定为0或任意数值
清除所有图形特效	clear graphic effects	清除所有图形特效
将角色的大小增加 10	change size by 10	将角色大小增加10或任意数值
将角色的大小设定为 100	set size to 100 %	将角色大小设定为100或任意数值（百分比）
移至最上层	go to front	将角色移至所有角色的最上面
下移 1 层	go back 1 layers	将角色下移到其它角色的下一层
造型 #	costume #	当前角色的造型编号
背景名称	backdrop name	当前舞台背景名称
大小	size	当前角色相对原大小的百分比

声音：乐器、节奏、音量。播放或者停止声音、音乐。

中文模块名称 声音	对应的英文模块名称 Sound	含义
播放声音 喵	play sound 喵	播放声音并继续执行其他脚本
播放声音 喵 直到播放完毕	play sound 喵 until done	直到声音播放完毕才执行其他脚本
停止所有声音	stop all sounds	停止播放所有声音
弹奏鼓声 1 0.25 拍	play drum 1 for 0.25 beats	弹奏小军鼓 0.25 拍，有多种声音选择
停止 0.25 拍	rest for 0.25 beats	停止 0.25 拍
弹奏音符 60 0.5 拍 中央C (60)	play note 60 for 0.5 beats Middle C (60)	弹奏音符 Do（60）0.5 拍
设定乐器为 1	set instrument to 1	设定演奏的乐器，有多种选择
将音量增加 -10	change volume by -10	调整音量
将音量设定为 100	set volume to 100 %	设定音量（百分比）
音量	volume	角色的音量值
将节奏加快 20	change tempo by 20	加快节奏（正数加快，负数减慢）
将节奏设定为 60 bpm	set tempo to 60 bpm	设定节奏
节奏	tempo	角色的节奏

画笔：设置画笔、落笔、抬笔、清空、图章等绘图相关模块。

中文模块名称 画笔	对应的英文模块名称 Pen	含义
清空	clear	清空舞台上画笔绘制的图案

续表

中文模块名称 画笔	对应的英文模块名称 Pen	含义
图章	stamp	复制角色图像
落笔	pen down	画笔落笔，角色移动便会画出线条
抬笔	pen up	画笔抬笔，角色移动不绘制
将画笔的颜色设定为	set pen color to	移动鼠标拾取颜色来设置画笔颜色
将画笔颜色增加 10	change pen color by 10	增加画笔的颜色值
将画笔的颜色设定为 0	set pen color to 0	根据特定值设置画笔颜色
将画笔的色泽度增加 10	change pen shade by 10	增加画笔的色泽度
将画笔的色度设定为 50	set pen shade to 50	设置画笔的色泽度
将画笔大小增加 1	change pen size by 1	增加画笔的大小即粗细
将画笔的大小设定为 1	set pen size to 1	设置画笔的粗细

数据：※　新建变量与链表，关于具体变量或链表的设置与操作。

中文模块名称 数据	对应的英文模块名称 Data	含义
var	var	新建的变量：var
将 var 设定为 0	set var to 0	为变量 var 设置值为 0
将 var 增加 1	change var by 1	给变量 var 的值加 1
显示变量 var	show variable var	在舞台上显示变量
隐藏变量 var	hide variable var	隐藏变量，不在舞台上显示

中文模块名称 数据	对应的英文模块名称 Data	含义
新建链表 ☑ list	Make a List ☑ list	新建链表：list
将 thing 加到 list 列表	add thing to list	将"thing"添加到链表
delete 1 of list / 1 / 末尾 / 全部	delete 1 of list / 1 / last / all	将链表 list 指定位置的元素删除
insert thing at 1 of list / 1 / 末尾 / 随机	insert thing at 1 of list / 1 / last / random	在链表指定的位置插入元素
replace item 1 of list with thing / 1 / 末尾 / 随机	replace item 1 of list with thing / 1 / last / random	用 thing 替换链表指定位置的元素
item 1 of list / 1 / 末尾 / 随机	item 1 of list / 1 / last / random	返回链表指定位置的元素
list 的长度	length of list	返回链表的长度
list 包含 thing ?	list contains thing ?	链表中是否有元素 thing，返回：真/假
显示列表 list	show list list	在舞台上显示链表
隐藏列表 list	hide list list	在舞台上隐藏链表

事件：各种事件触发模块：单击绿旗、键盘按下、角色单击、背景切换、音量/视频位移/计时器变化、广播。

中文模块名称 事件	对应的英文模块名称 Events	含义
当 被点击	when clicked	启动开关，单击绿旗执行下方所有指令

续表

中文模块名称 事件	对应的英文模块名称 Events	含义
当按下 空格键	when space key pressed	按下空格键,执行下方所有指令
当角色被点击时	when this sprite clicked	当角色被单击,执行下方所有指令
当背景切换到 背景1	when backdrop switches to 背景1	当背景切换为背景1,执行下方所有指令
当 响度 > 10 响度 计时器 视频移动	when loudness > 10 loudness timer video motion	当侦测到响度、计时器或者视频移动>10,执行下方所有指令
当接收到 消息1 消息1 新消息...	when I receive 消息1 消息1 new message...	当接收到广播消息,执行下方所有指令
广播 消息1 消息1 新消息...	broadcast 消息1 消息1 new message...	广播消息
广播 消息1 并等待 消息1 新消息...	broadcast 消息1 and wait 消息1 new message...	广播消息并等待,直到接收到该消息的模块执行完毕再继续往下之行

侦测:角色碰到角色或颜色、询问的回答、键盘输入或鼠标按下、坐标位置、距离、计时器、视频、时间及音量侦测。

中文模块名称 侦测	对应的英文模块名称 Sensing	含义
碰到 鼠标指针 ? 鼠标指针 边缘	touching mouse-pointer ? mouse-pointer edge	角色碰到边缘、鼠标指针或其他指定角色返回"真"
碰到颜色 ?	touching color ?	如果角色碰到指定颜色返回"真"

中文模块名称 侦测	对应的英文模块名称 Sensing	含义
颜色 碰到 ?	color is touching ?	如果两个颜色碰到一起返回"真"
到 鼠标指针 的距离	distance to mouse-pointer	返回角色之间或角色到鼠标指针的距离
询问 What's your name? 并等待	ask What's your name? and wait	舞台上询问等待用输入
回答	answer	用户针对询问输入的内容
按键 空格键 是否按下?	key space pressed?	判断键盘某个按键是否按下,成立返回"真"
下移鼠标?	mouse down?	单击返回"真"
鼠标的x坐标	mouse x	返回鼠标的 X 坐标
鼠标的y坐标	mouse y	返回鼠标的 Y 坐标
响度	loudness	返回电脑麦克风的响度值
视频侦测 动作 在 角色 上 动作 方向	video motion on this sprite motion direction	侦测视频在舞台或角色上的移动方向或移动幅度(动作)
将摄像头 开启 关闭 开启 以左右翻转模式开启	turn video off off on on-flipped	摄像头开启、关闭、视频翻转
将视频透明度设置为 50 %	set video transparency to 50 %	设置视频透明度,100%完全透明

续表

中文模块名称 侦测	对应的英文模块名称 Sensing	含义
计时器	timer	返回计时器时间（秒）
计时器归零	reset timer	计时器归零，重新计时
x座标 of 角色1 x座标 y座标 方向 造型 # costume name 大小 音量	x position of 角色1 x position y position direction costume # costume name size volume	返回角色或舞台的，坐标、方向、造型编号、造型名称、大小或音量
目前的 分 年 月 日期 星期 小时 分 秒	current minute year month date day of week hour minute second	返回当前的：年、月、日、星期、时、分、秒
自2000年之来的天数	days since 2000	返回 2000 年到现在的天数
用户名	username	返回当前项目的用户名

运算符：数学及函数运算，大小比较、逻辑条件判断、随机数、字符串拼接等。

中文模块名称 运算符	对应的英文模块名称 Operators	含义
+ - * /	+ - * /	两个数进行加、减、乘、除运算

续表

中文模块名称 运算符	对应的英文模块名称 Operators	含义
在 ① 到 ⑩ 间随机选一个数	pick random ① to ⑩	在两个数之间生成一个随机数
◀ < ▶ ◀ = ▶ ◀ > ▶	◀ < ▶ ◀ = ▶ ◀ > ▶	两个数大小比较
与	and	两个条件都成立返回"真"
或	or	两个条件只要其中一个成立返回"真"
不成立	not	条件不成立返回"真"
连接 hello world	join hello world	将两个内容拼接起来
第 ① 个字符： world	letter ① of world	返回指定内容的第一个字符
world 的长度	length of world	返回字符串"world"的长度
○ 除以 ○ 的余数	○ mod ○	返回两个数相除的余数
将 ○ 四舍五入	round ○	返回某个数四舍五入后的值
平方根 ▼ ⑨	sqrt ▼ of ⑨	返回常用函数的运算结果（绝对值、向上取整、向下取整、平方根、三角函数、指数、对数）

更多模块：自定义功能模块或添加兼容硬件指令模块。

中文模块名称 更多模块	对应的英文模块名称 More Blocks	含义
新建功能块	Make a Block	自定义功能块（过程、函数）
添加扩展	Add an Extension	添加 PicoBoard 或 LEGO WeDo 模块